造型兒童餐

古露露 著

88種超萌料理
讓孩子天天都想帶便當！

造型兒童餐

88種超萌料理
讓孩子天天都想帶便當！

作　　者　古露露
攝　　影　古露露
編　　輯　許雅眉
美術設計　李怡君

發 行 人　程安琪
總 策 畫　程顯灝
總 編 輯　呂增娣
主　　編　徐詩淵
編　　輯　林憶欣、黃莛勻、鍾宜芳
美術主編　劉錦堂
美術編輯　吳靖玟
行銷總監　呂增慧
資深行銷　謝儀方、吳孟蓉

發 行 部　侯莉莉
財 務 部　許麗娟、陳美齡
印　　務　許丁財
出 版 者　四塊玉文創有限公司

總 代 理　三友圖書有限公司
地　　址　106 台北市安和路 2 段 213 號 4 樓
電　　話　(02) 2377-4155
傳　　真　(02) 2377-4355
E-mail　service@sanyau.com.tw
郵政劃撥　05844889 三友圖書有限公司

總 經 銷　大和書報圖書股份有限公司
地　　址　新北市新莊區五工五路 2 號
電　　話　(02) 8990-2588
傳　　真　(02) 2299-7900

製　　版　興旺彩色印刷製版有限公司
印　　刷　鴻海科技印刷股份有限公司

初　　版　2014 年 01 月
二版一刷　2019 年 04 月
定　　價　新臺幣 300 元
ISBN　978-986-364-036-3（平裝）

國家圖書館出版品預行編目(CIP)資料

造型兒童餐：88 種超萌料理，讓孩子天天都想帶便當！/ 古露露作. -- 初版. -- 臺北市：橘子文化，2014.11
面；　公分
ISBN 978-986-364-036-3(平裝)

1. 食譜

427.17　　103021331

目錄

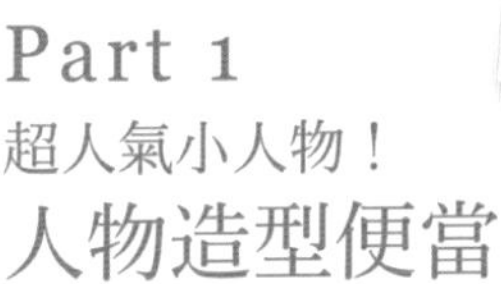

Part 1
超人氣小人物！
人物造型便當

Part 2
生活中找靈感！
創意造型便當

Part 3

創造屬於自己的動物園！
動物造型便當

Part 4

迎接特別的日子！
節慶造型便當

Part 5

有故事的簡餐！

超人氣兒童餐

Part 6

女孩最愛的甜美禮物！

造型小點心

作者序

大家好，我是古露露～

感謝你正在看我的書

很開心～♪

希望這本書的內容

你會喜歡。

其實會出這本便當書還滿意外的，
剛開始只想多練習料理(覺得會做菜很賢慧)，
再加上喜歡把料理弄的可愛一點，
所以研究起日本盛行的造型便當，
在網路上分享小小成果，結果就獲得橘子文化出版社的青睞，
於是這本書就這樣誕生了～再次感謝美麗的總編大人，
還有協助我完成內容的所有出版社成員、支持我的親友。

書店有不少造型便當書，但大部分都是日文書(キャラ弁)，中文的很少，
沒接觸過的人或許會認為「做這種便當出來很花時間吧？」
但了解後會發現，除非複雜的造型，不然前置作業還比較費時，
加上有些步驟可以事先準備，製作便當時就能省下時間。

造型便當完成後會非常有成就感喔，
可愛的東西人人愛，更不用說是小朋友，
還能把小朋友不敢吃的菜，無形藏於便當中。

帶我走

這本書介紹的配菜以一個人吃的量為主，很適合裝進便當，
烹煮器具不需要太大，裝起來差不多剛好就行
(食材少鍋子大並不會煮比較快)，也因為份量少，
調味料用量不用多，有些只需一小撮就足夠，
烹煮的水分跟時間也會影響味道濃度，
可以在煮的時候一邊試味道、調整。
另外，我盡量將食材做不同搭配，
才不會煮一次就不曉得該做什麼=.=
特別說明一下，此書使用的食材皆不含魚、肉、蛋跟五辛，
無論是考量健康因素還是會過敏的人都很適合，
牛奶部分可自行用水或豆奶替代。

除了便當與餐盤上的造型餐之外，
此書還附錄了幾篇簡單易做的甜點料理，
使用烤箱需注意安全，可別像我一樣
不小心讓烘焙紙碰到加熱器結果燒起來….

其他還有辣椒辣到手～結果手燙了六個小時，
跟相機差點撲向爐火(煮菜兼拍照好辛苦)，
幸好最後平安無事的完成了這本書(好像也沒這麼嚴重)，
總之這本書付出了我所有心血，
希望呈現的內容能幫助到購買此書的你，那我的辛苦就有價值了

做料理是很開心的一件事，
愉快心情做出來的便當最美味，家人滿足的表情是最棒的鼓勵，
希望大家每一道造型餐都能夠成功，開始動手料理吧!

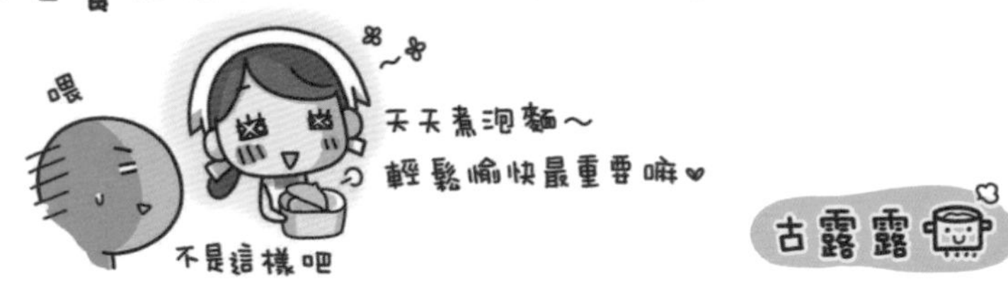

{基本小道具}

便當盒

種類五花八門，有不鏽鋼、塑膠、木製、陶瓷……等材質，選擇便當時建議先想好便當要冷食還是熱食，材質是否耐熱及安全，再來考量所需要的樣式、以及搭配造型的顏色。盛裝的容器會改變便當風格，挑選便當盒也是一種樂趣唷！

隔菜板

配菜之間使用隔菜板，既不必擔心配菜混淆，還能豐富整個便當的配色，使便當看起來更美味可口！若沒有隔菜板，也可以用檸檬片、芝麻葉、生菜、萵苣等食材來區隔食材。

小砧板、小刀、剪刀

這 3 樣工具都是做造型的好幫手。因為製作的便當多是個人便當（少量食材），所以非常適合在小砧板上進行切蔬菜、剪海苔等作業。若想製作細小的海苔配件，使用小剪刀會更順手喔。

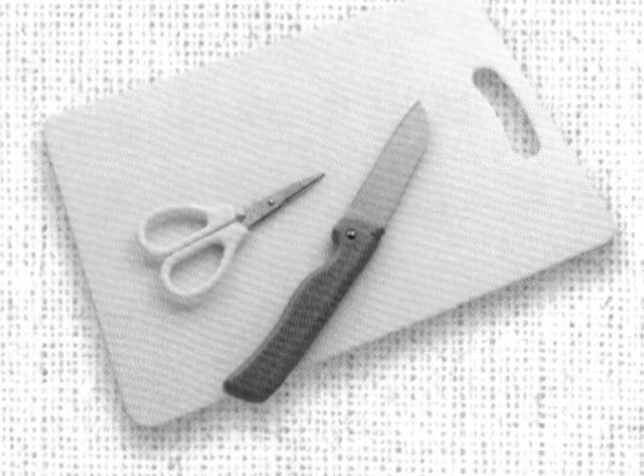

造型叉

讓普通蔬菜馬上變身的小道具！裝飾效果極佳，便當份量多的話還能方便大家分食，如果帶的是會滾動的食物，用叉子吃也非常方便。

市售的造型叉種類很多，除了卡通造型外，個人覺得最好用的是愛心跟葉片造型，愛心可當雞冠或頭髮裝飾、葉片跟水果原本就搭在一起。善加利用造型叉，絕對能為你的便當大大加分喔！

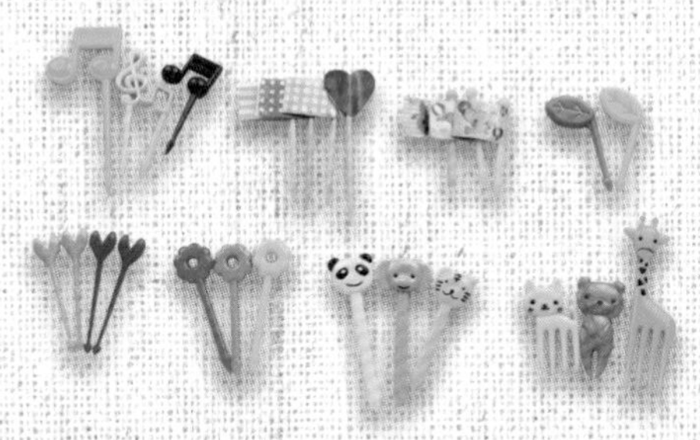

便當裝飾

與造型叉有異曲同工之妙的便當裝飾品，也可以說是不同造型的隔菜版，但它不能在烤箱中使用，購買時須特別注意耐熱溫度。

配菜杯

選擇耐熱材質就不必擔心加熱問題。配菜杯除了用來盛裝配菜、避免湯汁混淆外，也適合拿來裝造型飯糰，如此一來就不用擔心飯粒沾手的問題，能更加安心的調整飯糰在便當裡的位置。

造型刀

有直線形、半圓形、L形……等，做細小部位或特殊形狀時可使用。

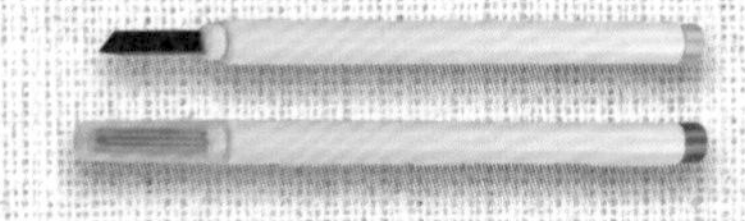

飯糰模型

捏飯糰的方法有很多種，包括雙手沾少許水及鹽、將米飯在手中滾動揉出形狀，或是用保鮮膜把飯包起來捏製。除了以上 2 種方法外，也可以使用飯糰模型來製作。使用飯糰工具既方便又衛生，圓形跟三角形都屬於基本款，所捏製出的飯糰大小適中，能輕易裝入便當內。

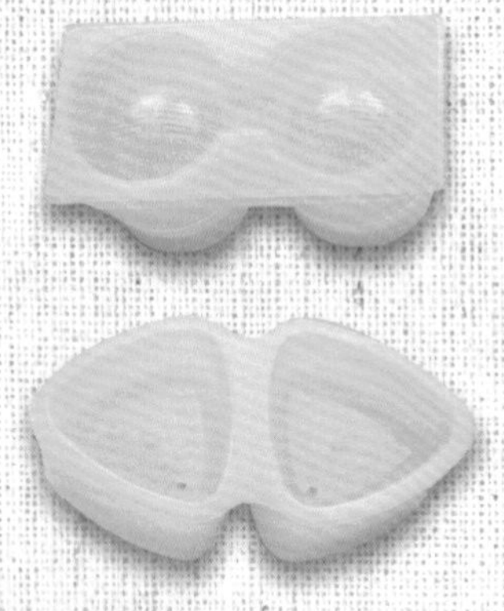

海苔壓模（打洞器）

在不需要特殊造型的情況下，海苔壓模非常方便。利用壓模上面的圖形，可以做出多種可愛表情，（例如圓形再自行對剪成兩半，就變成了耳朵或笑開的嘴巴），建議選擇銳利一點的海苔壓模，才可以事半功倍。

造型壓模

讓便當變可愛的必備工具（點心烘焙也用的到）！壓模可以應用在起司片或各種蔬菜水果上，只要是有辦法壓出形狀的材料都可以使用。

基本的圓形在做造型飯糰時很常用到，星星、愛心這些簡單的形狀也超級百搭，可以用來作為便當背景。如果想用這些圖形做出海苔片，可以先用筆把壓模輪廓描繪在烘焙紙上，再將圖案剪下來當樣板使用。

吸管

可代替圓形壓模。尺寸齊全、便宜又容易入手。如果覺得吸管太長不好用，可以將吸管剪成小段以方便操作，一根可分多次使用，髒了就直接丟棄。

計時器

專門用來計算烹煮所花費的時間。簡單的快炒約 2 ～ 3 分鐘，若是需要花較多時間熬煮的料理，使用計時器可以更準確的掌握時間。

牙籤、牙線棒

切割起司片的必備工具。用拿筆的姿勢輕輕的在起司上劃出痕跡，就能將起司片裁下來。裁切時出現很多屑屑時（冰過的起司片），改用牙線棒的尖端（彎曲型），就可以輕鬆切起司。

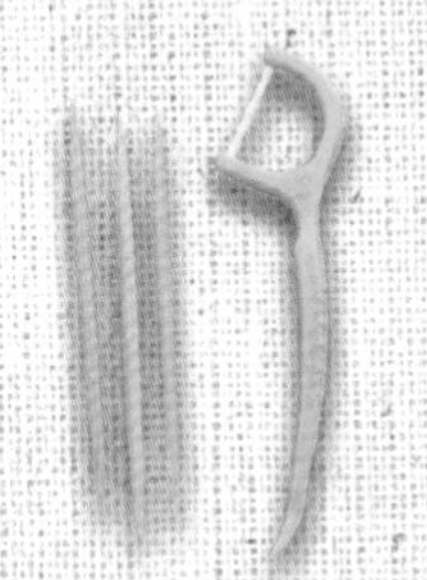

刷子

做甜點或烹煮料理時都用的上。用刷子為造型飯糰上色相當方便，只需沾少量醬汁來回刷在飯糰上就能夠染色，並控制顏色的深淺。

醬汁瓶

配菜需要醬汁調味時，就把醬汁裝進醬汁瓶中吧！因為事先淋上的醬汁可能會在加熱過程中變質或產生不好的氣味，所以醬汁最好在用餐的時候再淋上。把醬汁用瓶子裝起來不但不會沾的滿手都是，還非常方便攜帶。

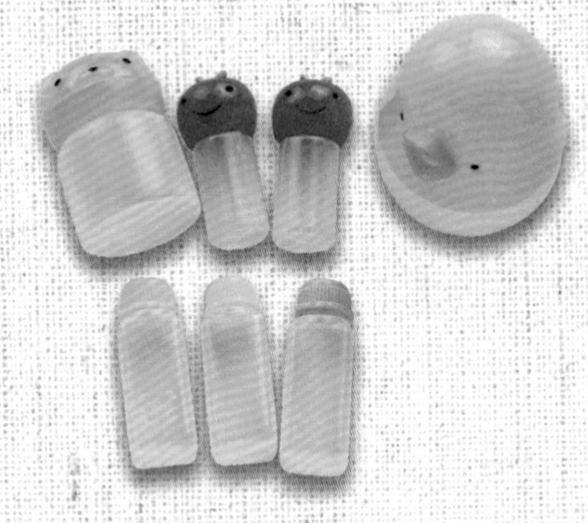

保冷劑

夏天溫度高，做的便當容易因為高溫變質，這時候保冷劑就非常重要！把保冷劑與便當一起裝在保冷袋中，就能讓飯菜保持新鮮，延緩變質速度。保冷劑有蝴蝶結等各種可愛造型，平價百貨就能買到囉。

磅秤

備料的好幫手，目測抓不準就用磅秤計算吧。

量杯、量匙

測量高湯、鹽、糖等各種調味料的份量。

1 大匙＝ 15 克 (g)
1 小匙＝ 5 克 (g)
1/2 小匙＝ 2.5 克 (g)
1/4 小匙＝ 1.25 克 (g)
液體 1 杯＝ 200 克 (g)
砂糖 1 杯＝ 120 克 (g)
粉類 1 杯＝ 100 克 (g)
1 克 (g) ＝ 1c.c. ＝ 1 毫升 (ml)

夾子

細小配件用手不好拿起，但用夾子夾就變得非常輕鬆，夾子是絕對要準備的工具！購買時建議選擇前端圓潤、造型專用的夾子比較安全，小朋友若想參與，可拿較省力的塑膠製夾子使用。

保鮮膜

用來讓飯糰成型，避免雙手沾上米飯，方便又衛生。

烘焙紙

製作烤箱料理時使用，將烘焙紙鋪在烤盤上再放入烘焙點心，可避免小點心沾黏在烤盤上。

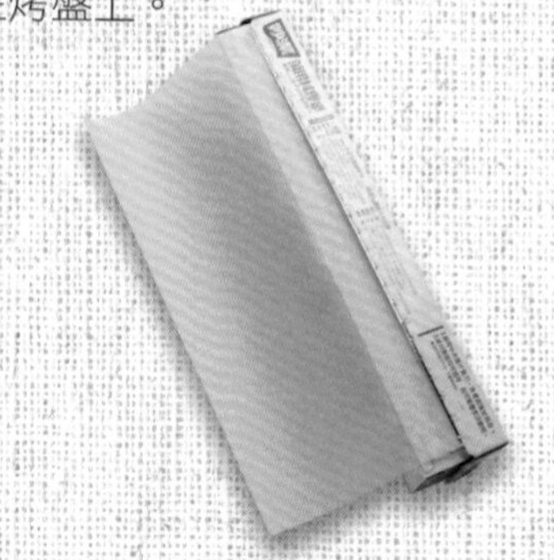

{縮短製作時間的小訣竅}

常用的配件如果可以事先準備好，就能有效的縮短製作便當的時間。即使是早上才開始製作便當，也不用太慌張！以下提供一些縮短時間的小方法，供大家參考：

提前構思內容

事先想好便當造型跟菜色、整體顏色搭配及配菜口味，並備好材料。這樣製作便當時就不用再花心思構想，可以更專心的快速完成便當。

整齊的收納工具

把常用到的工具用盤子整齊的收納好，製作便當時就不會手忙腳亂，找不到工具！其他不常使用的工具，放在工具箱裡收好就可以了。

備好基本海苔配件

海苔配件的製作，有時比捏飯糰還花時間。一些常用的配件（如五官），可以事先準備好放入密封容器裡。但一定要記得放入乾燥劑一起保存，以免海苔潮濕軟掉。

事先壓出造型蔬菜

裝飾菜色或製作背景時，經常會使用到造型蔬菜。此時，可先將蔬菜壓出造型，放入密封袋中置於冰箱保存。當然，這些蔬菜必須盡快食用完畢，以免變質了。

炸好義大利麵條

常被用來銜接飯糰的義大利麵條，可事先炸好保存。料理後剩餘的油剛好可以用來炸義大利麵。把乾燥的義大利麵條折成小段，放入油鍋炸，炸好後放入密封容器中保存備用即可。

{造型的基本功}

飯糰放入便當中與貼上五官的先後順序沒有一定，只要不影響成品，一切以方便為主。

造型飯糰這樣做

捏製飯糰

米飯需先降溫再用保鮮膜包緊。用保鮮膜既方便、不沾手又衛生（也可直接以手沾水捏製）。

移動飯糰

把飯糰放入配菜杯中，不但方便移動位置，且不沾手又衛生。

製作配件

可以用海苔壓模做出五官，或以小剪刀剪出。

固定配件

利用美乃滋或番茄醬的黏性，將材料固定在飯糰上。但若白飯本身有黏性，材料不一定要沾美奶滋固定，除非飯乾掉才需要。

活用夾子

使用夾子黏貼配件，可以更精準的掌控位置。通常會從飯糰中間開始黏貼五官，對照位置時才不容易出錯。

銜接飯糰

將義大利麵條插入食材中，來銜接食材。有些食材可以直接插入，以方便銜接。

衛接食材時，若遇到無法插入麵條的食材，可將麵條插在別的地方當支架，將食材立起。

便當配置的小撇步

:飯糰 :配菜 :蔬果

圓形便當盒

：把飯糰放在便當的邊緣，若便當大一點也可置於中間。

：一般會將配菜圍繞在飯糰周圍放置，只要集中在同一個方向就行了。

：為避免空隙造成食材移位，可用小番茄、胡蘿蔔、葡萄等體積較小的蔬果填補空隙。

雙層便當盒

：雙層便當盒容量較大，若是放了一個飯糰還有空位，就再多做幾個出來放。

：因為飯跟菜分開放，所以不需要考慮飯糰的位置，也不必擔心放置時會碰壞造型，可以安心的將配菜直接裝進去。

：利用花椰菜、番茄等體積較小的蔬果來填補空隙。

方形便當盒

：建議事先構思好配菜與飯糰的位置，製作時再進行微調。

：體積較大的配菜先裝入。若擔心配菜味道混在一起，可在配菜之間加上隔菜板區隔（有湯汁的配菜，可以放入耐熱杯中）。

：便當中的空隙可能會讓食物和造型移位，這時可用小番茄、玉米筍、花椰菜、秋葵等體積較小的蔬果填補空隙。

{ 必須注意的事項 }

飯糰尺寸

飯糰大小需符合便當盒容量。飯糰捏好、造型前建議先試著擺放在便當中比對尺寸，也別忘了留意便當盒蓋的高度，才不會導致辛苦捏好的飯糰放不下。

挑選適當菜色

便當中的飯菜比例，可依食用者的喜好做調整，需加熱食用的便當要注意葉菜類變黃的問題，還有要盡量避免油炸食物（可改用煎的），若配菜有湯汁，記得將湯汁收乾。

便當的新鮮度

飯菜放涼後再裝進便當中，才不會因悶熱而腐壞（若馬上吃則不在此限）。因應環境溫度的變化，會有不同的飯菜保存方式，但還是盡快食用完畢較健康、美味。

內容物的耐熱度

便當做完趁早食用是最好的，但如果是使用前一晚的剩菜，便當就需要充分加熱。若便當需要加熱，須特別注意起司片等遇熱會融化的食材，雖然不至於破壞整個造型，但介意者仍可自行更換材料。

便當盒與裝飾物的耐熱溫度也須特別留意。若便當中有水果等不適合加熱的食物，記得先拿起來再進行加熱動作喔。

輕鬆愉快的心情

剛開始做造型兒童餐不用太過緊張、要求完美，盡量保持輕鬆愉快的心情，當作是在捏勞作就好囉！只要事先構思好造型，提前做好備料，就能省下時間，讓你在動手時不慌忙，從容的做出超可愛的愛心兒童餐。

{為飯糰上色}

用不同的天然食材幫米飯染色，很簡單就能完成可愛的有色飯糰。食材的用量，會影響顏色深淺，如果想染出粉嫩的可愛色彩，一定要慢慢拌入食材，來調整顏色才會成功。

可以用來染色的食材有很多，包括以下示範的黑芝麻粉、番茄醬、甜菜根湯、紅鳳菜湯、薑黃粉、海苔粉、醬油，還有蝶豆花（藍色）、素肉鬆、海苔醬……等。參考範例染出來的效果，染出自己的彩色飯糰吧！

白：白飯

黑：黑芝麻粉

紅：番茄醬

紫紅：甜菜根湯

紫：紅鳳菜湯

黃：薑黃粉

綠：海苔粉

咖啡：醬油

Tips

除了將食材與白飯混合進行染色，還可以利用刷子來上色，這種上色方法很適合用在形狀複雜的造型上。

{變出超可愛表情}

可愛的海苔五官絕對是造型便當不可或缺的主要配備！看起來簡單的五官，其實有上百種的變化。如果覺得自己的雙手不夠靈巧，也可以使用海苔壓模輔助海苔五官的製作，真的非常方便！

就算購買的海苔壓模不多，也可以善加修剪利用，變化出數十種表情，（例如將圓形再自行對剪成兩半，就變成了耳朵或笑開的嘴巴）。以下就為大家示範海苔壓模的表情造型。參考變化的方法，你也可以創造出多種屬於自己的表情。

◆組合一

壓模 A

壓模 B

壓模 C

◆組合二

壓模 A+C

壓模 A+B

壓模 B+C

壓模 A+B+C

基本奶油白醬

約10分　約2碗

材料

奶油塊……… 30g
高筋麵粉…… 30g
牛奶或水…… 350g
鹽…………… 1/2 小匙

聽起來很難的白醬，怎麼變得這麼簡單？跟著圖片做，你也可以做出味道超百搭的奶油白醬，為你的創意料理加分！

❶奶油放進熱鍋中融化。

❷慢慢倒入麵粉，邊倒邊攪拌並調整濃度，不要一下子加太多。

❸麵粉拌勻後倒入牛奶繼續攪拌，煮滾後轉小火，加鹽調味就好囉。

Tips

- 水越少，做出來的白醬越濃稠，可自行斟酌水量。
- 奶油白醬降溫後會變濃稠，加熱後即能恢復原本的濃稠度。
- 用不完的白醬可先放進冰箱保存，要使用時再加熱或加點水稀釋即可使用（水須慢慢加，來調整濃度）。

免揉麵包

約25分　約3個

材料

高筋麵粉…… 250g
牛奶………… 200g
快發酵母…… 1小匙
糖…………… 40g
鹽…………… 1/4小匙

麵包很好吃，可是想到揉麵的製程就覺得頭大。所以，對時間跟力氣不夠的人來說免揉麵包真是太方便了，而且它只要放在冰箱中就可以發酵了！想吃麵包又不想揉麵的人，一定要試試！

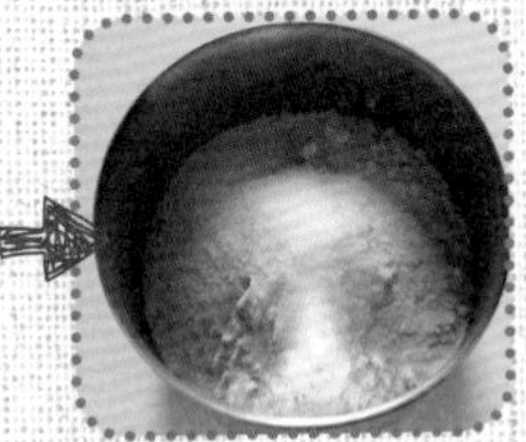

❶麵粉過篩放入盆中，加糖、鹽。

❷酵母事先溶在牛奶中，再將牛奶倒進盆中攪拌均勻。

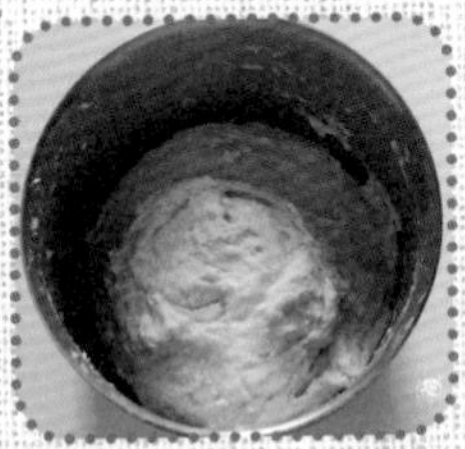

❸作法2的麵糊置於冰箱2小時以上。

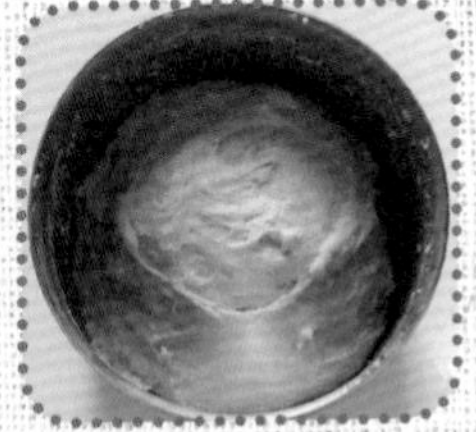

❹取出麵團整型（製作時可在手上撒些麵粉防沾黏）。

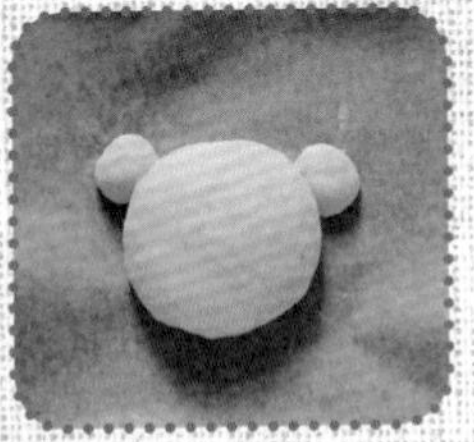

❺做好的麵團送入預熱好的烤箱，以180℃烤約25分鐘。

Tips

- 作法2的麵糊也可以隔天再從冰箱取出使用。
- 這個食譜是無蛋配方，若不喝牛奶可用水或豆奶取代，這些食材會影響成品香氣。
- 水量越多麵包越柔軟，建議先試著做一次再慢慢調整到自己喜歡的口感。
- 每台烤箱功率不同，時間與溫度僅供參考。

Part 1.

超人氣小人物！

人物造型便當

嚴肅的老爸、青春洋溢的學生、
開朗的老外、熱情的雙胞胎粉絲、
愛唱歌的音符小妹都變成小人物，
走進便當裡啦！
打開便當，讓小人物給孩子最溫暖的問候。

捲捲頭炒麵

長長的麵條拿來當娃娃的髮型剛剛好！鹹香開胃的香椿沙茶醬做成炒麵，配上可愛的造型蔬菜，繽紛的模樣，即使再挑食也會吃下肚吧？

材料

白飯
海苔
紅蘿蔔
青豆仁
番茄醬

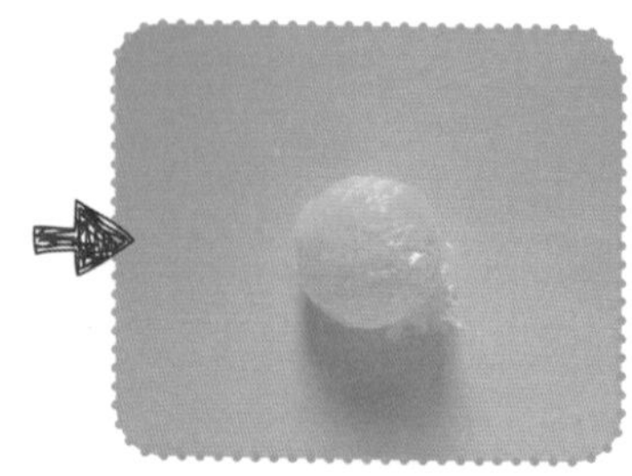

❶白飯冷卻後放在保鮮膜上，包起捏成圓形。

❷決定好便當中的白飯位置，將白飯及炒麵裝進去。

❸在海苔上剪出嘴巴、眼睛及睫毛。

❹五官貼於白飯上，最後用模型壓好的紅蘿蔔片及青豆仁點綴裝飾，好吃又可愛的炒麵娃娃就完成。

雙菇炒麵

約 10 分　1 人份

材 料

熟油麵 160 克（若用乾燥油麵則約 80 克）
小香菇 7 朵、雪白菇 30 克

調味料

香椿醬 1 小匙、素沙茶 1 小匙、水 200 克
鹽 1/4、小匙醬油 1/4 小匙、白胡椒粉少許

作 法

1. 香菇泡軟後用手撕碎；雪白菇洗好切段。（若想加其他蔬菜也一起準備好；若用乾燥油麵須事先煮過）
2. 熱鍋，食材各自炒好後起鍋。（將食材分開炒香味較明顯）
3. 原鍋放入白胡椒粉以外的調味料，拌勻，下油麵略炒後，加入作法 2 的食材繼續翻炒，起鍋前撒些白胡椒粉即成。

音符女孩

直接用起司片完成小女孩造型，白飯刷上淡淡的粉色湯汁，加上鮮艷的音符甜椒裝飾，充滿旋律的便當讓心情也跟著起舞。

材料

白飯	起司
甜菜根湯汁	紅色彩椒
紅蘿蔔	美乃滋
海苔	

❶將放涼的白飯置於保鮮膜上並包起，放進便當盒中調整形狀。

❷烘焙紙上畫出女孩圖案，並用剪刀剪下；以吸管在紅蘿蔔上壓出圓片。

❸烘焙紙先疊在起司片上沿著輪廓裁出臉部，再疊在海苔上直接剪出五官及髮型。

❹塑好型的白飯取下保鮮膜，放進便當盒中，染一些甜菜根湯汁做變化。

❺把作法 3 的起司放在白飯正中間，海苔配件及紅蘿蔔片沾些美乃滋貼在起司上；彩椒用模型壓出音符造型，放在白飯上，裝進配菜就完成了。

Tips 作法 4 可省略不做。

配菜

白醬花椰菜

約3分　1人份

材料

綠花椰菜 40 克
基本白醬 2 大匙
（基本白醬作法可參考 p.20。）

作法

1. 煮一鍋滾水將綠花椰菜燙熟（約 2 分鐘），撈起備用。
2. 熱鍋，鍋中倒入基本白醬，再加水稀釋煮開，淋在花椰菜上。

糖醋杏鮑菇

約5分　1人份

材料

杏鮑菇 1 朵
地瓜粉適量

調味料

白醋 1 大匙、水 2 大匙
糖 1 大匙、鹽 1/4 小匙
番茄醬 1 大匙

作法

1. 杏鮑菇切滾刀，沾地瓜粉下油鍋炸一下，撈起瀝油。
2. 調味料調勻成醬汁，倒進鍋中煮開，再將杏鮑菇下鍋煮至上色。

紅髮女孩

只要削出幾條紅蘿蔔絲，蓋上粉紅飯糰就完成了一頂新潮的帽子，輕輕鬆鬆就完成了新造型，將紅髮女孩收錄在食譜中囉。

材料

白飯
甜菜根湯汁
海苔
紅蘿蔔
番茄醬
美乃滋

❶用甜菜根的湯汁染紅白飯。

❷白飯捏成圓球狀；甜菜根飯捏成長條狀。

❸紅蘿蔔煮熟並刨成絲，沾少許美乃滋，貼在白飯表面當娃娃的頭髮。

❹作法 2 的甜菜根飯，包在紅蘿蔔頭髮外圍，並利用保鮮膜稍微包緊固定，再將整個飯糰置於配菜杯中。

❺在海苔上剪出眼睛及嘴巴。

❻五官沾少許美乃滋，貼於作法 4 的飯糰上，再點上番茄醬腮紅即成。

配菜

地瓜煎餅

約3分　1人份

材料

地瓜 1/2 顆、地瓜粉 1 大匙

作法

1. 地瓜切塊，蒸軟後壓成泥（若覺得不夠甜，可加入適量糖），加地瓜粉攪拌均勻，先揉成長條狀，再等量分割並壓成圓餅。
2. 地瓜餅下油鍋煎至微焦就可以了。

芋頭炒毛豆

約5分　1人份

材料

紅蘿蔔 20 克
芋頭 40 克、毛豆 20 克

調味料

素蠔油 1 小匙

作法

1. 配合毛豆的大小將芋頭、紅蘿蔔切成丁；汆燙毛豆跟紅蘿蔔，撈起瀝乾備用。
2. 芋頭炒到微焦，再將毛豆跟紅蘿蔔下鍋小炒，加調味料、適量水，炒至收汁。

神祕忍者

海苔扮演相當重要的角色！各種造型都能靠它來完成，像這款忍者飯糰，僅僅包上海苔片，就有忍者頭套的效果，表情當然也可以自行變換，很好玩一定要試試看！

材料
白飯
海苔
番茄醬
美乃滋
紅蘿蔔

❶白飯捏成圓球飯糰。

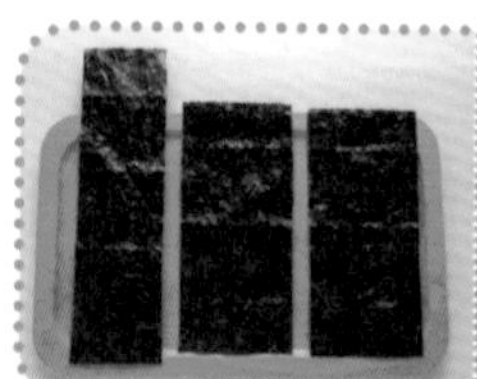

❷準備 3 片長方形海苔（必須是能包住飯糰外圍的尺寸）；將較寬的海苔橫貼於臉部下方。

❸拿起較細長的海苔，橫貼於頭頂。

❹剩餘的一片橫貼在額頭部位。

❺忍者只需露出眼睛跟眉毛，所以只須用海苔剪出這兩樣配件。

❻眼睛與眉毛沾少許美乃滋，貼在飯糰上。

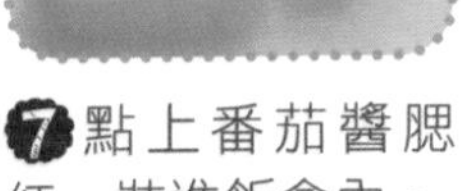

❼點上番茄醬腮紅，裝進飯盒內。

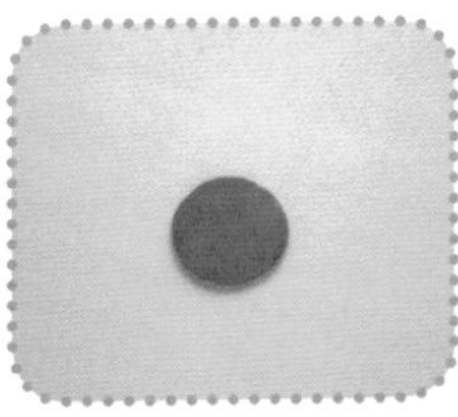

❽紅蘿蔔切成圓形薄片，以製作裝飾用小飛鏢。

❾依照圖片，將紅蘿蔔邊緣切下 4 個角，完成簡單的飛鏢造型。

❿把飛鏢與配菜一同放進飯盒中即完成。

茄汁蓮藕

材料

蓮藕 50 克、薑 3 ～ 4 片

調味料

番茄醬 1 大匙、鹽 1/4 小匙、糖 1 小匙

作法

1. 先爆香薑片，再放入蓮藕炒，若太乾就加點水。
2. 加入混合好的醬汁一起翻炒均勻即可。

溫馨小家庭

一個人物太單調？那來做個溫馨的小家庭便當！簡單捏出3顆圓球飯糰，再製作出不同的表情，最後利用造型叉跟腮紅來區別每個角色，輕鬆又方便的創造出幸福小家庭。

材料

白飯
海苔
番茄醬
美乃滋

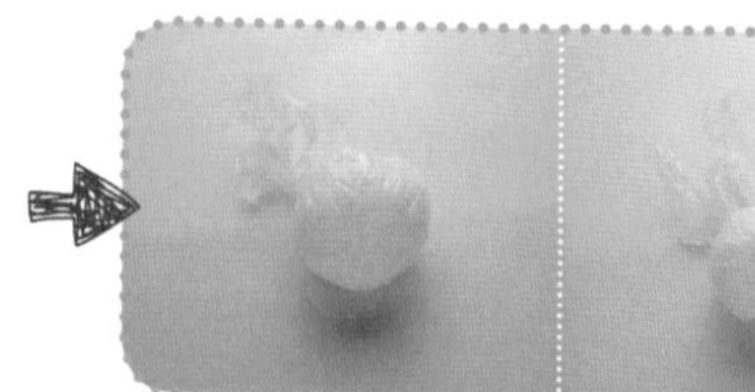

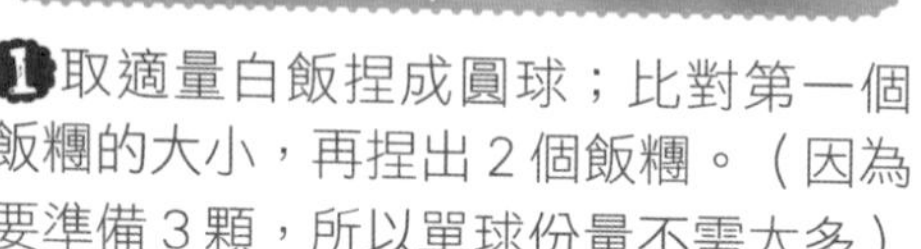

❶取適量白飯捏成圓球；比對第一個飯糰的大小，再捏出2個飯糰。（因為要準備3顆，所以單球份量不需太多）

❷先在紙上畫出喜歡的五官（最上面是基本型，下面為延伸表情）。

❸用現成壓模工具做出海苔五官（直接以剪刀剪下來也可以）。

❹在烘焙紙上畫好髮型並剪下，頭頂剪出一缺口讓海苔更容易服貼在飯糰上面。

❺把作法 4 的烘焙紙疊在海苔上，用剪刀沿著輪廓剪下髮型。

❻作法 5 的海苔髮型分別貼在 3 顆飯糰上，包上保鮮膜讓他更服貼。

❼拆開保鮮膜，將 3 個飯糰分別放入配菜杯中。

❽海苔五官沾少許美乃滋，依序貼在飯糰上。

❾將造型飯糰裝進飯盒裡。

❿放入配菜，最後在小孩臉上沾一點點番茄醬當腮紅就完成了。

配菜

酸菜炒菇

約3分　1人份

材料

酸菜 40 克、袖珍菇 40 克

調味料

鹽少許

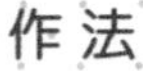

作法

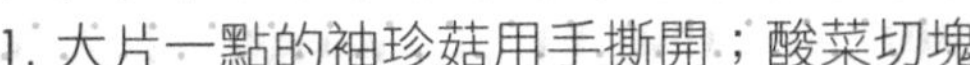

1. 大片一點的袖珍菇用手撕開；酸菜切塊備用。
2. 袖珍菇及酸菜放入鍋中炒，加入一點鹽調味即可起鍋。

小男孩與玩具汽車

把小男生最喜愛的玩具車裝進便當中，打開便當蓋會發現……獲得一樣新玩具！開著車子在綠色星空中遊歷，盡情發揮想像力吧。

材料

白飯
醬油
起司
海苔
美乃滋

❶部分白飯混入適量醬油染色。

❷白飯與醬油飯分別置於一張保鮮膜上，包起捏成 2 個圓形飯糰。

❸在海苔上剪出玩具汽車的窗戶與輪胎各 2 片。

❹窗戶與輪胎貼在起司片上方，再以竹籤或牙籤裁出汽車輪廓。

❺將裁好的汽車取出備用，接著準備製作小男孩。

❻先折疊海苔剪出眼睛跟眉毛，再剪出大片頭髮及圓弧形的嘴巴。

❼汽車圖案貼在白飯糰上；小男孩頭髮及五官沾些美乃滋，貼於醬油飯糰上。

❽在汽車飯糰邊緣多繞一片海苔，以增添豐富感。

❾拿出便當盒，決定好飯糰位置後，將飯糰放入便當中。

❿放進配菜，即完成。

配菜

山藥炒玉米筍

約3分　1人份

材料

山藥 60 克
玉米筍 3 條
紅蘿蔔 30 克

調味料

鹽 1/4 小匙
香菇粉少許

作法

1. 山藥去皮切丁；玉米筍、紅蘿蔔切丁；煮一鍋滾水將上述食材燙過。

2. 熱鍋，先炒紅蘿蔔，再放入山藥及玉米筍，加點水、鹽跟香菇粉炒勻即可。

炸四季豆

約3分　1人份

材料

四季豆 50 克

麵衣材料

低筋麵粉 60 克
地瓜粉 10 克、冰水 30 克
沙拉油 10 克、鹽 1/2 小匙

作法

1. 四季豆去除兩側粗纖維，均勻搓上鹽，靜置 10 分鐘後用水沖洗；麵衣材料混合在一起。

2. 四季豆整根裹上麵衣，丟入熱好的油鍋中炸酥就完成了。

丸子頭妹妹

造型

材料
白飯
醬油
紅蘿蔔
海苔
美乃滋

❶白飯拌些許醬油染色。

❷醬油飯用保鮮膜包住，捏成球狀當作頭部。

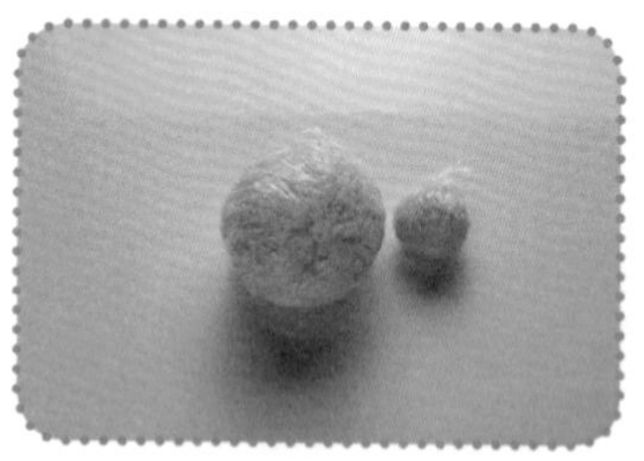

❸再捏一顆小球，作為妹妹的丸子頭。

❹在海苔上剪出五官；用吸管在紅蘿蔔片上壓出小圓片腮紅。另外在海苔上剪出 2 片瀏海及丸子頭用的大片海苔；紅蘿蔔片剪成細長條當作髮飾。

❺先組合頭髮。2 片瀏海交錯貼於頭部飯糰上，另一片整個包住小飯糰做成丸子頭。

❻確認飯糰在飯盒中的位置後，將飯糰放入。

不同位置會有不一樣的感覺，邊黏邊調整到自己喜歡的模樣。

❼五官配件沾些美乃滋，一一貼在臉部。

❽裝進配菜就完成了。

配菜

香椿豆腐

約5分　1人份

材料

板豆腐100克

調味料

香椿醬1小匙
素蠔油1小匙
水1大匙
香菇粉少許

作法

1. 板豆腐下鍋煎至兩面金黃，起鍋備用。
2. 鍋中放入調味料煮開成醬汁，放入豆腐煮至收汁。

起司拌彩椒

約5分　1人份

材料

彩椒40克

調味料

鹽1/4小匙
胡椒粒少許
起司粉適量

作法

1. 彩椒用模型壓出形狀，放進微波爐加熱約1分鐘（若沒微波爐，也可直接加調味料清炒。）。
2. 取出後倒掉多餘水分，拌入鹽、胡椒粒與起司粉。

薑絲炒木耳

約3分　1人份

材料

薑5克
黑木耳30克
辣椒1條

調味料

鹽1/4小匙
白醋1大匙
香油適量

作法

1. 嫩薑與辣椒切絲；木耳切條；熱鍋，加適量麻油爆香薑與辣椒。
2. 加入黑木耳拌炒，再加入鹽、白醋調味，起鍋前淋些香油提味。

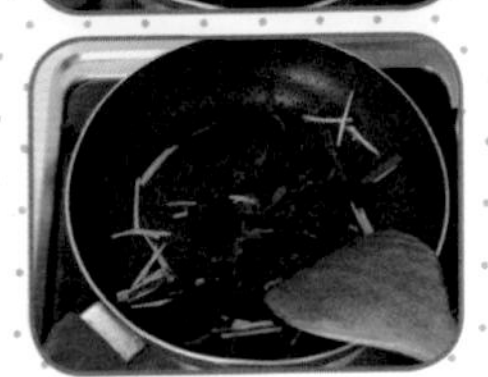

番茄小妹

材料

白飯
海苔
起司
番茄醬
小番茄
造型叉

❶以保鮮膜包覆白飯，放進便當盒中調整形狀。

這是等等準備蓋在白飯上的頭髮造型。

❷白飯從便當中取出，海苔比對白飯表面面積，剪出一樣的尺寸。

❸在海苔下方剪出圓形缺口，以露出臉頰部分。

❹將白飯的保鮮膜取下，放上海苔組合看看，調整好位置。

❺把白飯放入便當盒中。

❻在海苔上剪出五官。

❼從臉蛋中心的鼻子開始，將剪好的海苔沾些美乃滋，一一貼於白飯上，腮紅與舌頭利用番茄醬來完成。

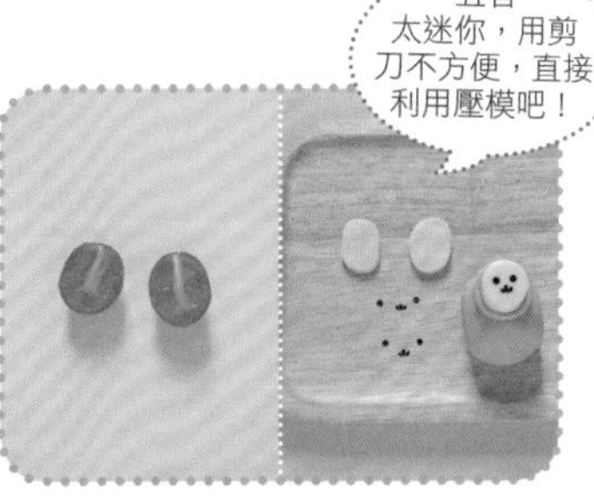

五官太迷你，用剪刀不方便，直接利用壓模吧！

❽小番茄對切；起司片裁成比對半番茄小一點的尺寸；用壓模在海苔上壓出五官。

❾番茄上先疊上起司片，再放上迷你五官。

❿插上造型叉完成小番茄造型。

⓫把配菜及小番茄造型裝入便當中即完成。

配菜

炸醬炒青江菜

約3分　1人份

材料

青江菜 80 克
紅蘿蔔 30 克

調味料

素炸醬 1/2 小匙

作法

1. 青江菜切段；紅蘿蔔切條；熱好鍋，先炒紅蘿蔔條。
2. 放入青江菜炒，再加入素炸醬與適量水拌炒均勻。

酥炸鮑魚菇

約3分　1人份

材料

鮑魚菇 2 片
地瓜粉適量

調味料

醬油 1 大匙
白醋 1 小匙
糖 1 小匙

作法

1. 鮑魚菇洗好，撕成適當大小，與醬油、白醋、糖混合後放置半小時。
2. 將作法 1 均勻裹上地瓜粉，下油鍋炸至金黃色即可（起鍋前大火逼油）。

貓熊帽子

貓熊？還是娃娃？白飯包覆在醬油飯外圍，插上２顆海苔飯糰當耳朵，看似複雜其實很簡單。若想幫娃娃加上頭髮，就先貼上海苔片，再將貓熊帽子包上去，可愛夢幻的造型就誕生啦。

造型

材料

白飯
醬油
海苔
紅蘿蔔片
義大利麵條
（乾燥或油炸）
美乃滋

❶白飯拌一些醬油做出娃娃的膚色。

❷醬油飯捏成圓球；白飯捏成長條狀，做成貓熊帽的主體部分。

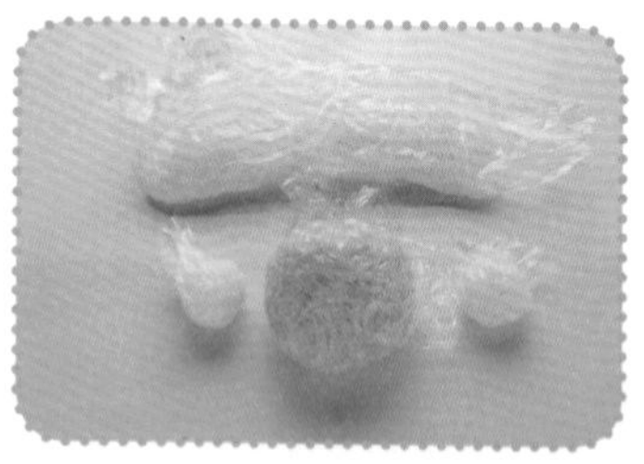

❸再製作 2 顆小圓球，當作貓熊的耳朵。

❹在海苔上剪出娃娃及貓熊的五官；在紅蘿蔔片上用吸管壓出 2 片小圓片當作腮紅。

❺準備 2 張貓熊耳朵的海苔片。

❻長條白飯包在醬油飯外圍，圍成ㄇ字型。

❼將組合好的飯糰放進便當中。

❽海苔五官沾少許美乃滋，一一貼在醬油飯糰上 。

9 將準備好的配菜放入 。

10 利用乾燥或油炸過的義大利麵條，銜接貓熊耳朵與頭部，放上腮紅就完成了。

清炒四季豆

約3分　1人份

材料

四季豆 10 克

調味料

鹽適量

作法

1. 四季豆剝除兩側粗纖維，斜切片狀。
2. 熱鍋，加些水及鹽翻炒即可。

筊白筍夾香菇

約15分　1人份

材料

筊白筍 30 克
大香菇 1 朵
紅蘿蔔圓片 5 片

調味料

鹽水適量

作法

1. 筊白筍以一刀斷一刀不斷的方式切片；香菇與紅蘿蔔切片後夾在筊白筍內。
2. 放入電鍋蒸熟後，淋上鹽水或自己喜歡的醬料。

雙胞胎粉絲

相同大小的雙色食材，裁切變化成臉頰和頭髮，組合起來就成了紅髮雙胞胎！不妨利用這個機會，將小朋友不敢吃的蔬菜變身成討喜的造型料理！

造型

材料
紅蘿蔔
起司
海苔
美乃滋

❶用調味料瓶的蓋子，把煮過的紅蘿蔔壓成 2 圓片。

❷起司也用與作法 1 一樣的方法，壓成 2 圓片。

❸依圖示將作法 2 的起司裁成頭髮與臉 2 個部分，女生頭髮的面積較大。

❹在海苔上剪出 2 組眼睛、嘴巴，另外再剪出女孩的 2 根睫毛。

❺紅蘿蔔片放最下面，接著放上起司，最後將海苔五官沾少許美乃滋，黏在起司片上。

❻配菜裝進便當盒裡。

❼把作法 5 放入便當盒中。

❽用英文字母模型在起司上壓出字體；配合字體的總長寬，在海苔上剪出適當大小的對話框。

9 作法 8 拼湊起來，放在炒米粉上就完成了。

Tips

- 英文字母可依個人喜好變化。
- 若不擅長剪海苔五官，可以利用壓模製作。

芋頭炒米粉

約 10 分　2 人份

材料

米粉 80 克、芋頭 20 克、紅蘿蔔 20 克
高麗菜 30 克、綠豆芽菜 15 克、黑木耳 15 克

調味料

醬油 1½ 大匙、糖 1 小匙、鹽 1/2 小匙
香菇粉 1/4 小匙、白胡椒粉 1/4 小匙、水 200 克

作法

1. 芋頭切細條；紅蘿蔔、黑木耳與高麗菜切絲；綠豆芽去除頭尾。
2. 煮一鍋滾水，加鹽汆燙米粉，煮好撈起蓋上蓋子先悶著；米粉太長不好炒，可用廚房剪刀將它對半剪開。
3. 熱鍋，先把芋頭爆香，接著放入紅蘿蔔、高麗菜炒，最後下黑木耳與豆芽菜。
4. 加入糖、其他調味料及適量水分，稍微拌炒後放入米粉，讓米粉在湯汁中吸收約 3 分鐘的水分，就完成了。

陽光外國人

Hello，外國人歡迎光臨！用黃色的起司片來當外國人的金頭髮，非常適合。當你看到造型可愛、吃起來美味又充滿愛心的手作便當時，會用哪些單字來表達呢？順便來練習一下英文吧！

造型

材料

白飯
起司
海苔
美乃滋

❶將白飯捏成球狀。

❷在烘焙紙上畫出外國人的頭髮。

❸剪下烘焙紙上的頭髮，將其與飯糰做比對，確認大小是否合適。

❹剪下的髮型貼在起司片上，照著輪廓用牙籤裁出相同形狀。

❺把作法 1 的飯糰放在配菜杯中。

❻在海苔上剪出嘴巴；對折海苔，一次剪出 2 個眼睛；五官沾少許美乃滋，貼在飯糰上。

❼把作法 4 的起司頭髮蓋在頭上，調整好位置。

❽將作法 7 裝入便當盒裡。

❾把配菜放入便當中。

❿用水果或其他蔬菜填補便當空隙即完成。

Tips

若便當需加熱，記得將水果取出

配菜

炸豆腐

約3分　2人份

材料

嫩豆腐 150 克

地瓜粉適量

調味料

胡椒鹽適量

作法

1. 吸乾豆腐表面的水分，切塊後沾上地瓜粉。
2. 用中高油溫將豆腐炸至表面有點金黃，最後撒上胡椒鹽即可。

炸醬炒鴻禧菇

約5分　1人份

材料

鴻禧菇 50 克、麵捲 10 克

青豆仁 10 克、薑 3～4 片

辣椒 1 條

調味料

素炸醬 1 小匙

作法

1. 用滾水煮青豆仁與麵捲約 5 分鐘後撈出；麵捲切碎；辣椒去籽切圓片；熱鍋，爆香薑片後先炒鴻禧菇。
2. 放入麵捲、青豆仁以及素炸醬，再放入辣椒稍微翻炒一下即可。

純真小學生

活潑、顯眼的黃色學生帽，搭配小男生或小女生都行！任何人物造型只要加上黃色帽子就像準備要上學去的學生。開心上學也要開心吃便當喔！

材料

白飯
醬油
海苔
起司
造型叉
美乃滋

❶少許醬油拌入飯中染色；醬油飯捏成1顆大圓球及2顆小橢圓，再利用保鮮膜包緊實。

❷剪3片海苔當作頭髮，1片包頭頂、2片包馬尾。

❸包頭頂的海苔片修剪出瀏海造型。

❹拿起剪好瀏海的海苔片，包在飯糰頂部，再包上保鮮膜略壓固定。

❺將作為馬尾的2顆橢圓飯糰，用剩下的2片海苔包覆住，並用保鮮膜包起讓他定型。

❻拆下作法4的保鮮膜，並將飯糰放入配菜杯中。

❼2顆馬尾也拆下保鮮膜，用造型叉插在大飯糰上，造型叉剛好當作髮飾。

❽在海苔上剪出五官，剪眼睛時可將海苔對折再剪，如此只要剪一次就行。

❾五官沾少許美乃滋，依序貼在作法 7 上。

❿在烘焙紙上，畫出一頂小學生帽子。

⓫把烘焙紙上的帽子剪下，蓋在起司片上，再用竹籤沿著輪廓裁出相同形狀。

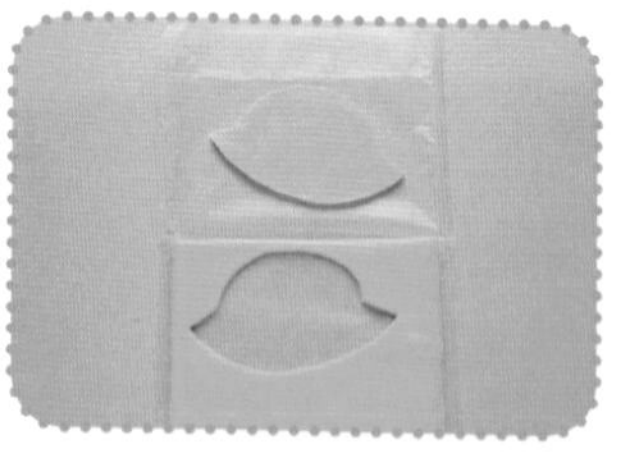

⓬裁好後拿掉烘焙紙，取出裁好形狀的起司。

⓭對照帽子大小，將海苔剪成帽子摺痕圖案。

⓮將帽子摺痕貼在作法 12 的起司上。

⓯完成的小女孩造型飯糰，放入飯盒裡。

⓰準備好的配菜裝入便當中。

⓱放入蔬果填補便當的空隙。

⑱最後放上作法 14 的小學生帽子。

Tips

- 作法 3 的瀏海也可以剪成鋸齒狀。
- 海苔片包覆飯糰時，可在海苔後面剪些缺口，使海苔更服貼。

XO 醬炒蔬菜

約 5 分　1 人份

材料

竹筍 30 克、小黃瓜 20 克、黑木耳 15 克
紅蘿蔔 10 克、豆枝 5 克、薑 3 ～ 4 片

調味料

XO 醬 2 小匙、糖 1/4 小匙、醬油 1/2 小匙
水 60 克、太白粉水少許

作法

1. 豆枝用水泡軟；所有食材切成長條狀備用。
2. 爆香薑片，放入紅蘿蔔及竹筍略炒。
3. 下黑木耳、豆枝、小黃瓜及調味料，煮到湯汁收乾，淋上太白粉水勾芡即成。

老爸看書

老爸陪你吃飯，看書竟然看到便當盒裡（驚）！這次的人物造型用了鏡框、皺紋等圖案，海苔剪細一點看起來更精緻，也能避免配件太多臉部貼不下的窘境。

造型

材料

白飯
醬油
海苔
起司
美乃滋

❶白飯加入適量醬油，調成老爸的健康膚色。

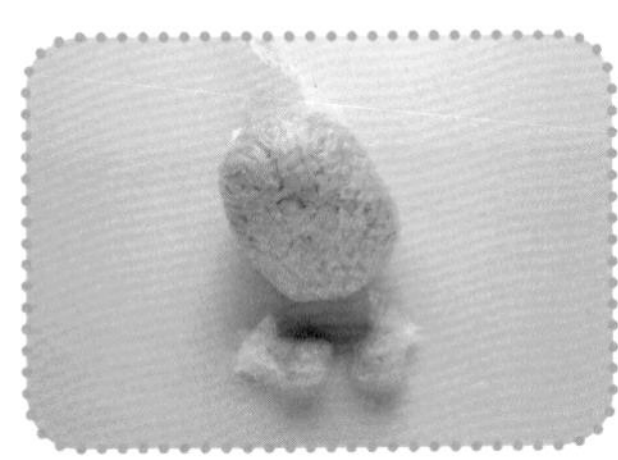

❷將醬油飯捏成1顆大橢圓（頭部）及2顆小圓（手部），分別用3張保鮮膜包緊。

❸在烘焙紙上畫出老爸圖案，頭髮部分剪下來當樣板，疊在海苔上剪出所需圖案（其他細小部位不用剪下）。

❹先剪出方形海苔片，再將其對折，從摺線剪出一個小四方型。

❺將作法4張開，會發現海苔中間有一個洞，鏡框就完成啦。

❻對照著草圖將所有部位都剪好。

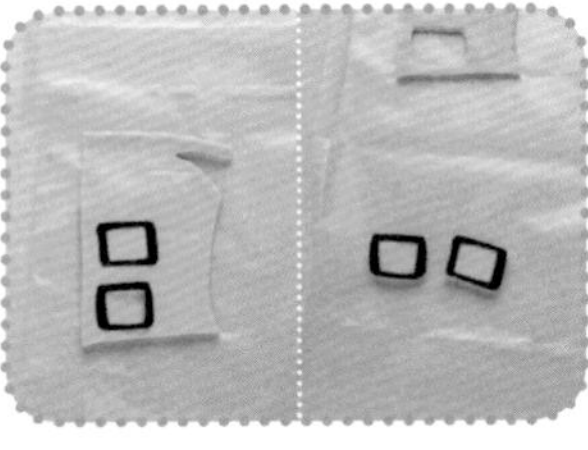

❼把完成的鏡框貼在起司片上，沿著鏡框輪廓，裁下方型起司片，完成眼鏡。

❽開始組合飯糰，把飯糰置於配菜杯中，再貼上頭髮。

❾配件沾少許美乃滋，由眉毛起依序往下貼在飯糰上。

❿完成的老爸造型飯糰裝進便當盒裡。

⓫放入準備好的配菜。

⓬放入蔬果填補空隙。

⓭在烘焙紙上畫出書的圖案並剪下，疊在起司片上，沿著輪廓裁出書本形狀的起司片。

⓮剪出幾條海苔線；再將剪好的海苔線，貼在作法 13 的書形起司片上面，完成書本造型。

⓯把書本放在老爸的下巴位置。

⓰最後把雙手放上就完成了。

煎白蘿蔔

約10分　1人份

材料

白蘿蔔2片

調味料

醬油1大匙、水50克
糖1小匙、白醋2小匙
素蠔油1小匙

作法

1. 白蘿蔔切厚圓片，再各切成四等分；調味料調勻成醬汁；熱鍋，倒入麻油，放入白蘿蔔煎至兩面微焦。
2. 醬汁淋在白蘿蔔上，待蘿蔔煮熟後，淋上太白粉水勾芡即可。（可依個人口味決定蘿蔔烹煮時間，若縮短烹煮時間，可保留蘿蔔的爽脆口感）

煎蓮藕餅

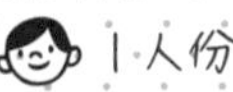

約5分　1人份

材料

蓮藕60克、菠菜20克
地瓜粉2小匙
海苔4小片

調味料

鹽少許

作法

1. 蓮藕用電鍋蒸軟；菠菜以滾水燙2～3分鐘後撈起。
2. 蒸好的蓮藕去除水分、磨成泥，加入地瓜粉及剁碎的菠菜，拌勻後捏成圓球，壓扁製成餅。
3. 蓮藕餅下鍋煎至有點焦黃，再撒適量鹽，包上海苔片即可盛盤。

快樂小嬰兒

粉嫩的肌膚搭配雪白的帽子，放
上一根捲毛增添了整體活潑度。
眼睛倒過來貼，就變成了睡夢中
的模樣；將不同大小的紅蘿蔔跟
起司圓片（小片的中間挖空）放
在嘴上，又變化成了吸奶瓶造型
的小嬰兒，一起動手玩創意吧！

材料

白飯
醬油
海苔
番茄醬
美乃滋

❶白飯混入一點點醬油，拌勻染好色。

❷取適量醬油飯捏成 1 顆大圓球（頭部）。

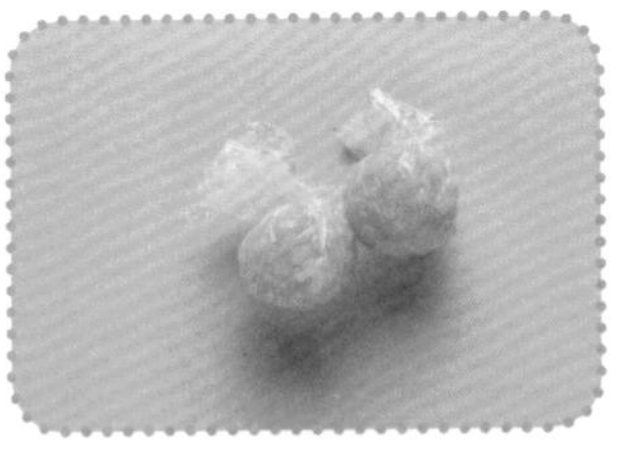

❸取少量醬油飯，捏出 2 顆小圓球（手部）。

❹準備份量多一些的白飯，放在保鮮膜上。

❺用保鮮膜將白飯包緊後壓扁；壓扁後的白飯，必須是能包住作法 2 一半面積的大小。

❻醬油飯糰與壓扁白飯的比例如圖所示。確認比例後拿掉保鮮膜，並將它們疊起。

❼把醬油飯糰包起來。

❽將作法 7 的飯糰，放在配菜杯中方便移動位置。

❾在海苔上剪下嬰兒的眼睛、鼻子、嘴巴，及一條細長的頭髮。

❿五官沾少許美乃滋，從中心的鼻子開始貼，這樣眼睛跟嘴巴的位置比較好決定。

⓫把作法 9 的頭髮沾些美乃滋，一邊捲曲一邊貼在額頭部位

⓬兩頰處點上少許番茄醬當腮紅。

⓭把小嬰兒飯糰放入便當盒裡。

⓮把雙手擺放在嬰兒臉的下巴處。

⓯準備好的配菜裝入便當盒中。

⓰用面積小的食材填充空隙即完成。

Tips

- 白飯染色時不需加入太多醬油，因為嬰兒的膚色不用太深。
- 如果擔心手部飯糰跑位，可以插上義大利麵條固定。

芝麻牛蒡

約5分　1人份

材料

牛蒡 50 克
薑 3 ～ 4 片
熟白芝麻適量

調味料

糖 1/2 小匙
醬油 1 小匙

作法

1. 薑切成絲；牛蒡用刀背或菜瓜布去粗皮，刨成絲，立刻泡入水中才不會變黑（記得瀝乾水分再開始料理）。
2. 爆香薑絲後，下牛蒡絲炒，加調味料炒至水分收乾後，撒上熟白芝麻。

腰果玉米

約5分　1人份

材料

熟腰果 30 克
玉米粒 20 克
紅蘿蔔 10 克
青豆仁 10 克

調味料

鹽適量
香菇粉少許

作法

1. 紅蘿蔔切丁，下鍋炒至 7 分熟。
2. 放入玉米粒、青豆仁、熟腰果、一點點水略炒後，再撒上調味料炒均勻。

大眼睛青蛙帽

把人物和動物 2 種造型結合在一起，不但沒衝突感反而更加可愛了。你也可以依照同樣原理，將它替換成兔子帽或其他造型的帽子喔。

造型

材料

白飯
海苔粉
海苔
紅蘿蔔
番茄醬
美乃滋

❶取適量白飯放涼，置於保鮮膜上。

❷用保鮮膜將白飯包起來，捏成圓球。

❸另外準備一碗比作法1少的白飯，拌入海苔粉染成綠色，慢慢加入海苔粉調整顏色深淺。

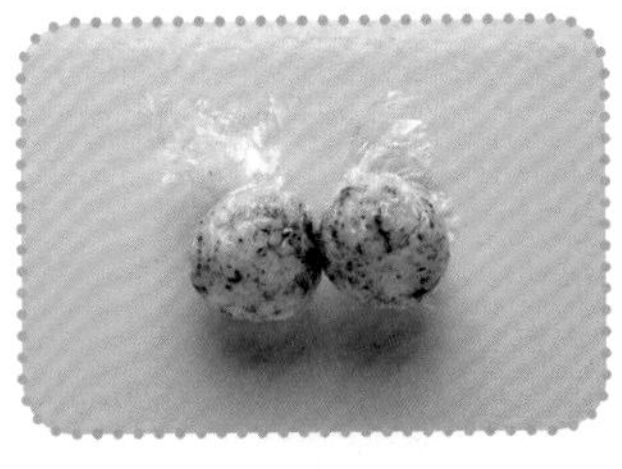

❹取少量海苔飯分成2份，分別用保鮮膜包起捏成小圓球。

❺剩下的海苔飯，用保鮮膜包緊後，捏成橢圓形飯糰。

❻把作法5的橢圓飯糰壓扁，捏成帶狀。

❼青蛙的帽子和眼睛材料準備完成。

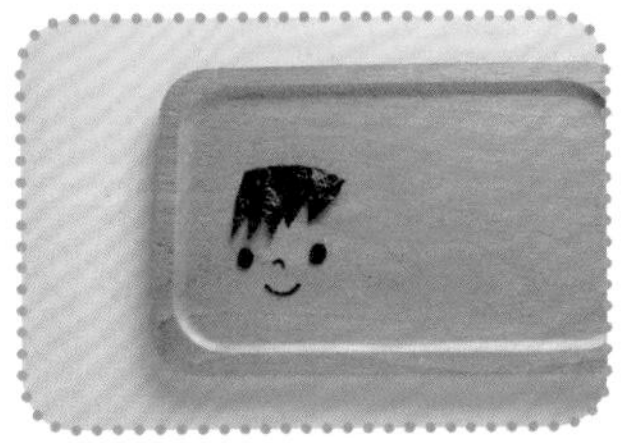

❽在海苔上剪出小男生短髮、眼睛、鼻子、嘴巴等五官配件。

❾頭髮先貼在額頭部位。

❿頭頂包上作法 6 的青蛙帽，再包上保鮮膜稍微壓緊固定。

⓫拆開保鮮膜，將飯糰放在配菜杯中。

⓬用義大利麵條銜接作法 4 的小圓球。

⓭五官沾少許美乃滋貼在臉上。

⓮在海苔上剪出眼睛、鼻孔、嘴巴；用吸管在紅蘿蔔片上壓出小圓片當腮紅。

⓯青蛙的五官配件沾少許美乃滋，固定在青蛙帽子上，然後在小男生的臉頰點上番茄醬當作腮紅。

⓰把組合好的造型飯糰，放進便當盒裡。

⓱裝入準備好的配菜。

❽撒上切碎的起司片裝飾即完成。

Tips

- 如果再剪些海苔片貼在臉頰兩側，就變成女生造型了！
- 因為白飯糰的頂部會包上青蛙帽，所以貼海苔髮型時（作法 9），需貼在額頭上，以免被遮住。

配菜

煎蘑菇

約7分 1人份

材料

蘑菇 80 克
奶油 10 克
麵包粉 10 克

調味料

巴西里 5 克
辣椒粉少許
鹽 1/4 小匙
黑胡椒粒適量

作法

1. 熱鍋，融化奶油並加入蘑菇不停翻炒 4 ～ 5 分。
2. 加入麵包粉與巴西里略炒後，再加少許水、辣椒粉拌炒，最後撒適量鹽及黑胡椒粒調味。

煎香蕉

約5分 1人份

材料

香蕉 1/2 條

作法

1. 香蕉切薄片，放入熱鍋中不停翻面煎至金黃色。

Part 2.

生活中找靈感！

創意造型便當

骰子、撲克牌、晴天娃娃、高鐵……

生活中常見的事物都跑進便當裡了！

找不到靈感的話就把周遭的事物當作創作素材吧，

也許會產生意想不到的驚喜效果喔。

快樂高鐵

今天想去哪裡玩？運用白飯、紅蘿蔔、海苔，就能把高鐵的白、橘、黑三要素通通呈現。打開便當讓好心情跟著高鐵一起奔馳！

材料

白飯

紅蘿蔔

海苔

❶取出適量白飯，放涼後包進保鮮膜中，放入便當盒裡決定位置。

❷將白飯捏成橢圓形，其中一端再稍微捏尖，做出高鐵的樣子。

❸對照高鐵長度，剪出一片長方形海苔及紅蘿蔔條。

❹用剪刀在海苔上剪出車頭大窗戶與車廂上的小窗戶配件。

❺將車頭大窗戶、橘線及底部海苔，貼在白飯上。（容易被配菜擋住的地方先貼上配件。）

❻把高鐵放進便當盒中，配菜也一起裝進去。

❼最後貼上小窗戶，高鐵完成。

配菜

炸南瓜片

約3分　2人份

材料

南瓜 1/4 顆（約100克）

麵衣材料

低筋麵粉 60 克、冰水 30 克
地瓜粉 10 克、沙拉油 10 克
鹽 1/2 小匙

作法

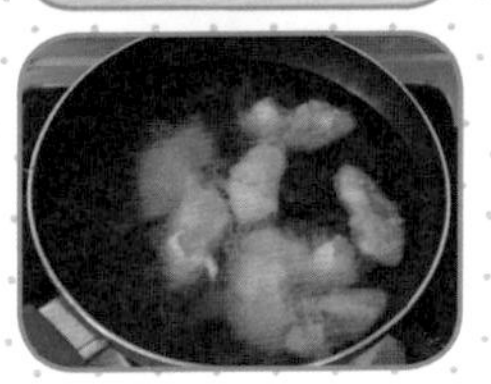

1. 麵衣材料混合在一起；南瓜削皮（也可以不削），用手或湯匙去籽後切片。
2. 將南瓜片沾上麵衣，放入油鍋中炸 1 ～ 2 分鐘，起鍋瀝油。

蠔油香菇

約3分　1人份

材料

辣椒 1/2 條、薑 3 ～ 4 片
太白粉水（粉:水＝ 3:1）
乾香菇 10 朵

調味料

水 90 克
蠔油 2 大匙
糖 1/4 小匙
白胡椒粉少許

作法

1. 乾香菇先泡水 10 分鐘，讓它變軟；調味料調勻成醬汁；辣椒切段。
2. 熱鍋，爆香薑片，加入香菇略炒後，倒進醬汁翻炒，加辣椒配色，起鍋前以太白粉水勾芡。

黃色笑臉

將微笑心情裝進便當裡！除了用充滿喜悅的黃色飯糰來裝飾，另一球飯糰上的起司造型，可以選擇任何你喜歡的壓模完成喔！

材料

白飯
海苔
起司
美乃滋
薑黃飯

❶事先準備好薑黃飯與白飯，分別將其捏成圓球。

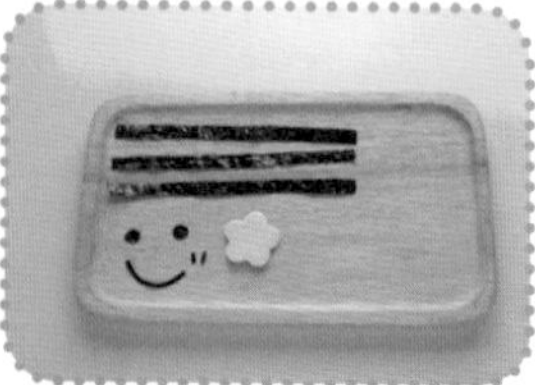

❷在海苔上剪出眼睛跟嘴巴；用模型在起司片上壓出花朵，海苔上剪出長條海苔片。

❸先做花朵飯糰。將長條海苔以米字型貼在飯糰上。

❹在作法3的飯糰上，放上花朵即完成花朵飯糰。

❺五官配件沾些美乃滋貼於薑黃飯糰上，再將2個飯糰放入便當中，最後放入配菜即成。

配菜

炒青椒

約5分　1人份

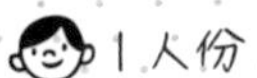

材料

青椒50克
薑4～5片
水2大匙
熟白芝麻少許

調味料

醬油1小匙
鹽少許
香菇粉少許

作法

1. 青椒橫切去籽;熱鍋，爆香薑片。
2. 加入青椒略炒，再放入水、調味料，起鍋前撒上熟白芝麻。

烤小番茄

約10分　1人份

材料

小番茄8顆
橄欖油

調味料

義式香草鹽適量

作法

1. 小番茄切成兩半。
2. 番茄放烤盤中，淋上橄欖油，撒上香草鹽，放入以200℃預熱的烤箱，烤10分鐘。（每台烤箱功率不同，時間與溫度僅供參考。）

三角飯糰

基本款三角飯糰只要加了五官，就變身超級可愛的Q版人物！底部加上了海苔片，直接用手拿著食用很方便。只要手邊有三角飯糰工具，就能快速的完成這個零失敗的造型便當。

材料

白飯
海苔
番茄醬

❶取適量白飯平分成2份，分別捏成三角形。

❷在海苔上剪出2條長方形海苔片（包住三角飯糰用），再剪出眼睛及嘴巴。

❸先用長方形海苔包住飯糰底部。

❹在飯糰上方貼上眼睛、嘴巴，最後用番茄醬點上腮紅，就完成了。

配菜

青椒炒玉米

約3分　1人份

材料

玉米 50 克
青椒 40 克

調味料

鹽 1/4 小匙

作法

1. 熱鍋，先放入玉米粒，炒到表面微焦黃。

2. 放入青椒，加適量水翻炒一下，撒下鹽炒均勻即可盛裝。

糖醋豆腸

約7分　1人份

材料

豆腸 1 條

調味料

番茄醬 2 大匙、糖 2 大匙
醋 2 大匙、水 60 克
白芝麻適量

作法

1. 調味料調勻成糖醋醬汁煮開，下豆腸煮至入味。

2. 起鍋後撒熟白芝麻即可。

酸甜草莓

番茄醬拌入白飯中呈現的淡紅色，剛好適合製作草莓，上面再加幾顆綠色蔬菜，就讓今天的水果便當變得很特別。

材 料

白飯
番茄醬
海苔
毛豆仁
美乃滋

❶取適量番茄醬與白飯均勻混合。

❷用保鮮膜將飯包起，捏成偏三角的草莓形狀。

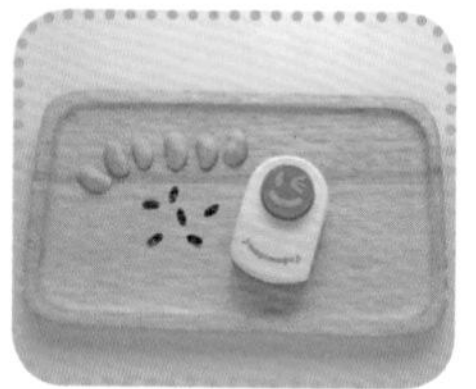

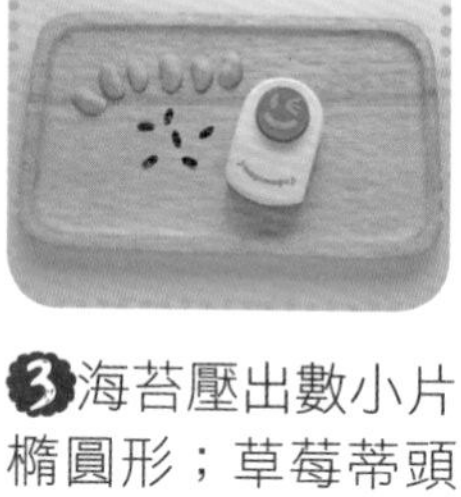

❸海苔壓出數小片橢圓形；草莓蒂頭以毛豆仁代替。

❹海苔片貼於飯糰上；毛豆仁沾些美乃滋貼在草莓上方。

❺完成的草莓飯糰放進便當盒中。

❻準備好的配菜放入便當中。

花椰莖炒玉米

約3分　1人份

材料

綠花椰菜莖 30 克
玉米 50 克

調味

鹽 1/4 小匙
白胡椒粉少許

作法

1. 花椰菜莖削去外皮，切成約 0.5 公分厚度的圓片；熱鍋炒菜莖。
2. 放入玉米粒，加鹽、白胡椒粉翻炒均勻後起鍋。

香菇炒豆干

約5分　1人份

材料

大香菇 2 朵
豆干 3 塊、辣椒 1 條

調味料

沙茶 1/2 小匙
蠔油 1 大匙、水 3 大匙

作法

1. 香菇洗好剁碎；豆干切丁；辣椒切塊。
2. 香菇炒香起鍋；餘油炒豆干，炒完起鍋。（乾香菇泡軟，取出後擠去水分，但不用擠太乾，以免吸油同時吸入過多辛辣味。）
3. 鍋中放調味料煮開後，放香菇與豆干同炒（分開來炒味道更香），最後加辣椒翻炒一下即可。

炒麵小熊

麵包怎麼做造型？直接在面積最大的位置加上表情就擬人化了！炒麵捲曲的形狀剛好可以當作頭髮，就把炒麵夾在頭頂吧。

材料

海苔
起司
美乃滋
免揉麵包

❶麵團揉成圓球後稍微壓扁。

❷麵團放入以 180℃ 預熱的烤箱中烤 25 分鐘；取出烤好的麵包從中間切出開口。

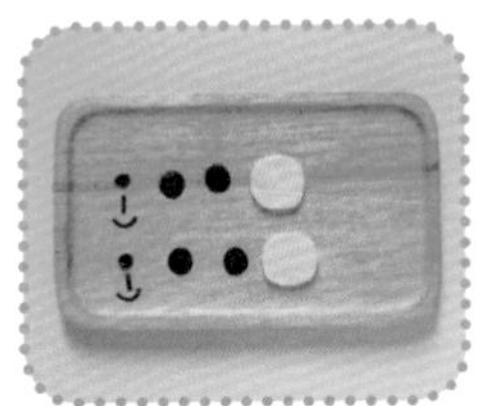

❸在海苔上剪出4個眼睛、2個鼻子、2個嘴巴；在起司上裁2片圓形起司，當作鼻子的配件。

❹備好的炒麵夾入麵包內。

❺所有配件沾少許美乃滋，黏貼於作法2的麵包上就完成了。

Tips

- 每台烤箱功率不同，時間與溫度僅供參考。
- 免揉麵包的製作請參考 P.21

配菜

炒麵

約7分　1人份

材料

熟油麵 120 克（或乾燥麵 60 克）、玉米筍 1 支
高麗菜 30 克、木耳 10 克、蘑菇 1 朵

調味料

素炸醬 1 小匙、素蠔油 1 小匙、醬油 1 小匙
水 100 克、香菇粉少許

作法

1. 玉米筍切片；高麗菜撕成片狀；木耳切條；蘑菇切片；熱鍋後先放入蘑菇炒，再依序加入玉米筍、黑木耳、高麗菜及適量水分拌炒。（若準備的是乾燥麵條，須事先煮過才能使用喔！）
2. 高麗菜炒軟後放入油麵與調味料，煮至入味即可。

數字飯糰

媽媽幫我算好了，今天便當帶了1、2、3顆飯糰，造型簡單卻很有趣，要從幾號開始吃呢？

材料

白飯
海苔
起司
美乃滋

❶捏出3顆相同份量的球形飯糰。

❷準備足以包覆整顆飯糰的海苔片，並將四角剪開使其更好包覆。

❸沾一點水讓海苔更服貼。

❹用竹籤在起司片上裁出阿拉伯數字1、2、3。

❺阿拉伯數字沾少許美乃滋，貼在已包好海苔的飯糰上。

❻加上配菜就完成了。

Tips

如果擔心加熱會破壞起司造型，也可以改用紅蘿蔔製作數字。

烤蔬菜

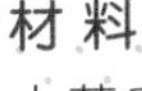

約30分　1人份

材料

大黃瓜 40 克、馬鈴薯 1/2 顆、大番茄 1/2 顆

黃色彩椒 1/4 顆、橄欖油 1 大匙

調味料

義式香草鹽適量

作法

1. 大黃瓜切片；馬鈴薯連皮切丁；番茄切半；彩椒切丁。
2. 鋁箔紙亮面朝上，鋪滿烤盤；備好的食材鋪在烤盤上，再撒下義式香草鹽、淋上橄欖油，送進已預熱好的烤箱內以 200℃烤 30 分，大黃瓜可於 10 ～ 15 分時就取出。（每台烤箱功率不同，時間與溫度僅供參考，烤至叉子可輕易插入的程度即可。）

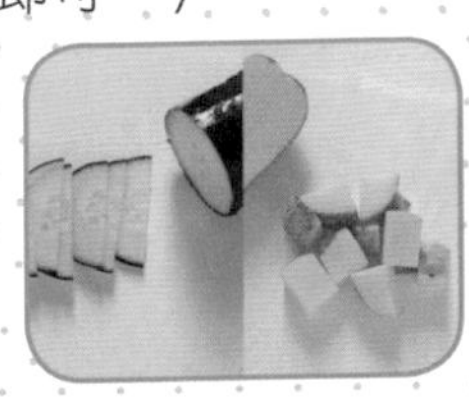

不甜的甜甜圈

你没看錯，這是一份鹹的甜甜圈，它是由米飯和起司創造出的甜食，或許能促進小朋友的食慾，讓他們吃更多飯（笑）。

材料

白飯
番茄醬
起司
紅蘿蔔
小黃瓜

❶白飯與番茄醬混合均勻。

❷先捏成圓球，中間再壓出凹洞，慢慢捏平順。

❸在起司片上裁出一片寬度和甜甜圈差不多、下面做成波紋花樣的起司片。

❹小黃瓜和紅蘿蔔切碎當巧克力米（也可用其他食材）。

❺將起司片覆蓋在甜甜圈上，撒下小黃瓜、紅蘿蔔碎片。

❻甜甜圈放入配菜杯中，再裝進飯盒裡。

❼加入配菜就完成囉。

配菜

三杯菇

約7分　1人份

材料

蘑菇 70 克、地瓜粉少許
辣椒 1 條、薑 5 ～ 6 片
九層塔適量

調味料

醬油 1 大匙
素蠔油 1 小匙
糖 1 小匙、麻油適量

作法

1. 辣椒去籽切好；蘑菇裹上地瓜粉炸過，瀝油後盛出備用。
2. 鍋中加麻油，爆香薑片後加糖炒至融化，再加入醬油、素蠔油。
3. 放入蘑菇，炒至醬汁收乾入味，最後再放辣椒及九層塔，翻炒至九層塔軟塌即完成。

酥炸茄子

約5分　1人份

材料

茄子 60 克
地瓜粉適量

調味料

胡椒鹽適量

作法

1. 茄子切斜片（若不需馬上處理，可先泡鹽水防止變色）。
2. 沾上薄薄一層地瓜粉，下油鍋炸熟後撈起瀝油，撒上胡椒鹽或淋上自己喜歡的醬料吃。

微笑蘋果

今天的便當是新鮮又健康的蘋果。用染紅的番茄醬飯捏成圓形蘋果，加上擬人化表情，還搭配了切面造型的蘋果互相襯托，點綴上綠葉叉裝飾使造型更完美了。

材料

白飯
番茄醬
海苔
起司
美乃滋

❶ 用番茄醬拌飯染色。

❷ 番茄醬飯分成 2 份，捏成 2 個圓球。

❸準備臉部表情與蘋果切面圖案。在海苔上剪出眼睛、嘴巴、蘋果籽；在起司片上裁出2片半圓形當作蘋果切面。

❹眼睛、嘴巴一組，起司、蘋果籽一組，沾些美乃滋分別貼於飯糰上，最後以造型叉裝飾頂部即完成。

配菜

香菇麵筋

約5分　1人份

材料

乾麵筋 15 克
大香菇 2 朵、薑適量

調味料

蠔油 2 小匙
水 50 克

作法

1. 乾麵筋泡軟；薑與香菇切絲後，放入鍋中炒香。
2. 加入蠔油及水，煮開後下麵筋再煮幾分鐘即可起鍋。

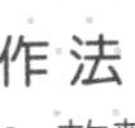

清炒筊白筍

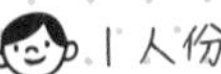

約5分　1人份

材料

筊白筍 2 支

調味料

鹽少許
香菇粉少許

作法

1. 筊白筍去皮切滾刀塊。
2. 筊白筍下鍋略炒後，加入適量水分續炒，最後撒下鹽及香菇粉調味即可。

療癒系栗子

完成可愛小栗子一點都不難！只要用現成的飯糰工具完成三角形飯糰，然後在底部沾上熟白芝麻就完成了！做很多迷你版栗子擺入便當，也是非常卡哇伊唷。

材料

白飯
醬油
海苔
紅蘿蔔
熟白芝麻
美乃滋

❶加入少量醬油於白飯中拌勻。

❷用模型或手將醬油飯捏成三角形。

❸三角飯糰底部均勻的沾上熟白芝麻。

❹海苔上剪出眼睛和嘴巴；用模型或吸管在紅蘿蔔片上壓出 2 個小圓片。

❺將作法 4 的五官配件沾少許美乃滋，貼在作法 3 的飯糰上。

❻這次要把飯糰稍微擺直立，所以先把備好的配菜裝進便當中。

❼將作法 5 的栗子飯糰放入便當盒中，用蔬菜填滿空隙即完成。

配菜

清炒大黃瓜

約5分　1～2人份

材料

大黃瓜 150 克、紅蘿蔔 40 克、木耳 20 克
辣椒 1 條、薑 5～6 片

調味料

鹽 1/2 小匙、香菇粉 1/4 小匙、白胡椒粉 1/4 小匙

作法

1. 大黃瓜對切成四等分後去籽，再切成約 1 公分厚度的片狀（直切成小塊較方便食用，若切成斜片份量看起來較多。）；紅蘿蔔切條，黑木耳切除蒂頭後，切成大片長方形，再橫切成條；辣椒切段（可以去籽，吃起來較不辣）。
2. 薑片爆香，加紅蘿蔔入鍋炒。
3. 下黑木耳略炒，再放大黃瓜、適量水分、調味料和辣椒炒均勻。

現採小蘑菇

打開便當蓋，就看見現採的可愛蘑菇。蘑菇上的圓點是增添風味的起司片，臉上的腮紅是酸甜的番茄醬，超Q造型讓大小朋友都無法招架！

材料

白飯　　　　起司
甜菜根湯汁　番茄醬
黑芝麻粉　　美乃滋
海苔

❶準備 2 份等量的白飯，分別加入少許甜菜根湯汁及黑芝麻糊拌勻；甜菜根及黑芝麻飯捏成圓餅狀，底部略壓平做成菌蓋，另取適量白飯捏出 2 個方形。

❷把菌蓋及方形白飯組合起來，用保鮮膜包緊固定。

❸用吸管在起司片上壓出數個蘑菇上的圓點；在海苔上剪出 2 組五官。

❹蘑菇飯糰放進配菜杯中，再放入飯盒；海苔五官、起司圓片貼於飯糰上，再用番茄醬點出腮紅，最後把配菜裝入飯盒中就完成了。

Tips 便當加熱後起司會稍微融化，若想保持完美造型，也可用白飯製作圓點。

配菜

咖哩炒白花椰

約5分　1人份

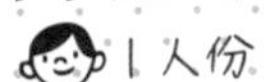

材料

白花椰菜 70 克
牛奶 30 克

調味料

咖哩粉 2 小匙
鹽 1/2 小匙
糖 1/2 小匙

作法

1. 白花椰切小朵後，入滾水中燙至半熟撈起。
2. 鍋中熱適量油，撒下咖哩粉與油一起炒香，接著加牛奶、鹽跟糖一起攪拌均勻。
3. 白花椰菜入鍋中，煮至醬汁收乾。

海帶炒麵捲

約12分　1人份

材料

海帶結 40 克
麵捲 40 克
薑 5～6 片

調味料

糖 1 小匙
醬油 1 小匙

作法

1. 薑片切成絲；麵捲用手撕成小片後，和海帶一起入鍋，小火煮約 10 分。
2. 熱鍋先炒薑絲，依序放入海帶、麵捲、糖跟醬油調味，拌炒均勻即可。

熱血足球

這次的造型便當感覺不一樣哦～改走運動風！球上的五角形圖案，只要用現成的星星工具就能輕鬆複製……複製再複製，真的好簡單，快點做給喜歡運動的寶貝吃吧。

材料

白飯
海苔

❶捏一球圓滾滾的白飯。

❷利用星星工具在烘焙紙上畫出內五角形（如紅線所示），畫好後剪下。

❸把作法 2 襯在海苔片上，依輪廓重複剪下 6 片五角形的海苔。

❹在中心位置貼上一片五角形海苔，並於中心四周留出相同圖形空位，然後將其他海苔一一貼上即完成。

配菜

炸豆腐丸子

約5分　1～2人份

材料

板豆腐 1 塊、起司適量、地瓜粉 2 小匙
麵包粉適量

調味料

鹽 1/2 小匙、白胡椒粉 1/4 匙

作法

1. 將起司切碎或用手撕碎（可利用裝飾其他造型飯糰時剩餘的起司，如此做既不會浪費掉食材，還多了特別的味蕾享受）。
2. 板豆腐擦乾水分後壓碎，加調味料跟地瓜粉攪勻。
3. 取適量豆腐放在手中，將其壓扁後放上起司碎片，填入一些豆腐後包起來捏成圓球，再均勻裹上麵包粉。
4. 以 170℃ 的油將豆腐丸溫炸成金黃色即成。

魔幻撲克牌

將黑桃、紅心等各種花色貼在吐司上，就是一張撲克牌啦。簡單造型就讓餐盒變得更吸睛了，搭配上清爽的生菜沙拉與水果，非常適合夏天食用。

材料
吐司
海苔
美乃滋

❶吐司切去邊。

❷在烘焙紙上畫出大小黑桃、小 A 等撲克牌圖案，畫好後剪下。

❸作法 2 烘焙紙疊在海苔片上，沿輪廓剪出一樣的圖案。

❹海苔配件沾少量美乃滋，貼於作法 1 吐司上。

❺裝進已鋪上生菜的餐盒中。

❻放入配菜即可完成。

配菜

涼拌毛豆莢

約5分　1人份

材料

毛豆莢 40 克

調味料

鹽少許
黑胡椒粒少許
香油適量

作法

1. 取一鍋水煮沸後，放入少許鹽及毛豆莢煮約 5 分鐘，撈起用冷水降溫以保持翠綠色。
2. 瀝乾水分拌入調味料即可。

蔬果沙拉

約2分　2人份

材料

蘋果 1/2 顆
玉米粒 2 大匙
豌豆苗 30 克

調味料

沙拉醬適量

作法

1. 蘋果切丁；豌豆苗剪碎，與蘋果丁及玉米粒混合在一起。
2. 加入沙拉醬攪拌均勻。

轉運骰子

沒想到，骰子也成了造型便當的點子！不僅看起來新鮮有創意，造型過程也非常簡單，保證不會失敗。

材料
白飯
海苔

❶白飯均分成 2 份，並將其捏成正方體。

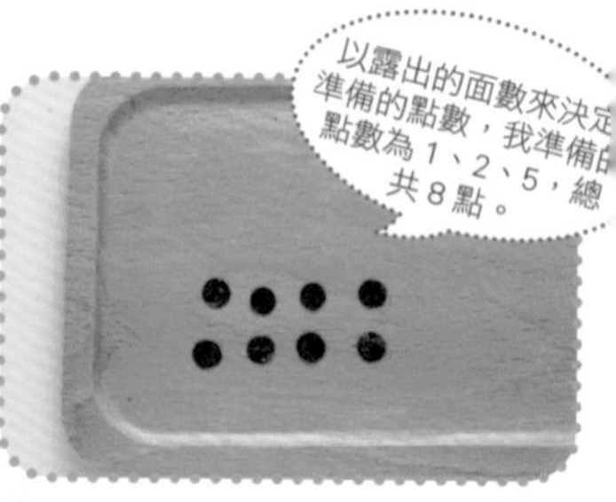

❷海苔對折，剪出足夠的骰子點數。

❸對照骰子上的位置貼上作法 2 的骰子點數。

❹把準備好的配菜裝入便當中即完成。

Tips

這個造型除了四方形的飯糰外，最重要的就是海苔片，因為需要很多相同形狀的小圓片，所以用打洞工具速度會快許多。

配菜

清炒碗豆苗

約3分　1人份

材料

豌豆苗 50 克

調味料

糖 1/2 小匙

鹽 1/4 小匙

作法

1. 豌豆苗切段。
2. 熱鍋，放入豌豆苗翻炒，放糖跟鹽拌炒均勻。

辣炒馬鈴薯

約5分　1人份

材料

馬鈴薯 1/2 顆

辣椒 1 條

洋香菜葉適量

調味料

辣椒粉適量

鹽 1/2 小匙

糖 1/4 小匙

作法

1. 辣椒去籽切斜片；馬鈴薯削皮切丁；煮一鍋滾水，將馬鈴薯煮至熟，撈起備用。
2. 熱鍋，放入馬鈴薯煎至微焦，放辣椒，撒辣椒粉、鹽、糖炒香，以中小火翻炒，最後撒上洋香菜葉即完成。

清涼冰棒

光是用看的就消掉一半暑氣的冰棒造型便當！（當然吃起來是熱的）這個便當只需煮一道蓋飯料理，不僅簡單可愛，促進食慾，還能讓你優雅下廚房！

材料

白飯
海苔
冰棒棍
美乃滋
紅蘿蔔

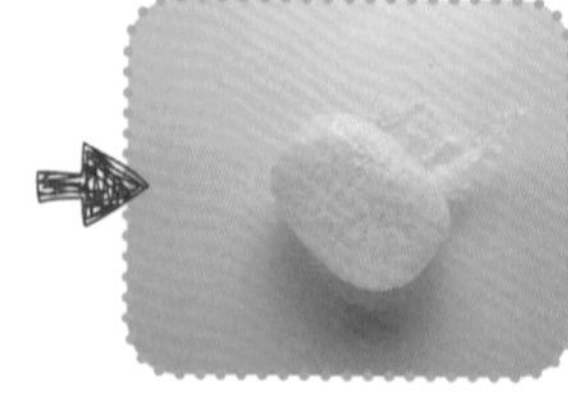

❶取適量白飯用保鮮膜包緊，捏成圓潤的長方形。

❷飯糰定型後，拆開保鮮膜。

❸在方形飯糰下方插入冰棒棍。

❹在烘焙紙上畫出冰淇淋醬汁圖案。

❺把烘焙紙上的醬汁圖案剪下當模板，疊在海苔片上剪出相同圖案。

❻作法5沾少許美乃滋後，貼在冰棒上。

❼碗中裝入煮好的配菜。

❽直接把冰棒放入便當中。

❾紅蘿蔔切片用壓模工具壓出造型。

❿紅蘿蔔片放在配菜上裝飾即完成。

豆皮蓋飯

約5分　1人份

材料

豆皮1片、乾香菇1～2朵、榨菜15克
高湯150克、太白粉水適量、香菜適量

調味料

醬油1大匙

作法

1. 香菇泡軟切細條；榨菜切細條並泡水5～10分鐘去除鹽分；豆皮用手撕碎。
2. 香菇略炒後加入榨菜、豆皮。
3. 倒入高湯跟醬油燜煮一下，最後淋上太白粉水勾芡，撒上香菜。

繽紛丸子串

色彩繽紛的便當讓人喜愛，這次我捏了 3 種顏色的飯糰，直接串起來做成丸子串，既快速又方便，加上生動表情讓飯糰變得更可愛了。

材料

白飯
海苔
海苔粉
甜菜根湯汁
義大利麵
美乃滋

❶準備三等份白飯，其中一份保持白飯的樣子，另外兩份分別拌入適量海苔粉、甜菜根湯汁；將 3 份都捏成圓球。

❷把 3 個飯糰的保鮮膜都拆開，利用義大利麵條銜接 3 個飯糰，做成串丸子。

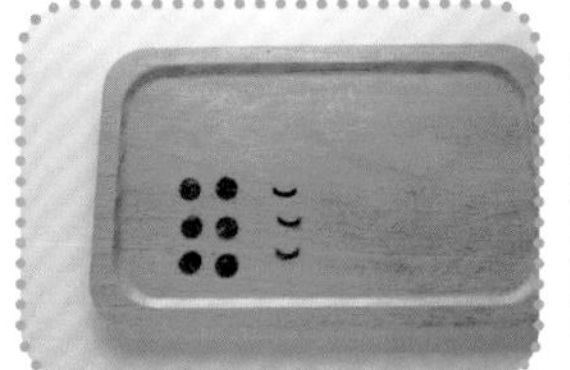

❸在海苔上剪出丸子的五官。

❹把作法 3 剪好的配件，沾少許美乃滋貼在作法 2 上。

❺將配菜裝進去就完成了。

Tips 製作五官配件時也可使用打洞工具，如此會更方便。

配菜

奶油烤玉米

約20分　1人份

材料

玉米 2 塊
奶油塊適量

調味料

黑胡椒粒適量
鹽少許、糖少許

作法

1. 玉米洗好，切成易裝進便當的大小。
2. 把玉米放在鋁箔紙上，在上面放奶油塊、撒上黑胡椒粒、鹽、糖後，用鋁箔紙將玉米包緊，放入已預熱的烤箱，以 200℃烤 20 分鐘即成（每台烤箱功率不同，時間與溫度僅供參考）。

梅干芋頭

約15分　1人份

材料

芋頭 80 克
梅干菜 15 克

調味料

醬油 1 小匙
水 2～3 大匙

作法

1. 梅干菜先泡水 5 分鐘軟化；芋頭切丁。
2. 熱鍋，將芋頭炒過後盛出。
3. 同鍋，加梅干菜略炒，放入芋頭拌炒，加點醬油讓芋頭上色，再加一些水，以小火燜煮 10 分鐘即成。

荷包蛋

用起司片與黃蘿蔔完成的「偽荷包蛋」，乍看之下好像跟真的沒兩樣？趕快打開冰箱看看有哪些顏色相近的食材能利用，做出一顆不用煎的荷包蛋。

材料

起司
海苔
黃蘿蔔
紅蘿蔔
番茄醬
美乃滋

❶準備適量白飯，裝入碗中備用。

❷配菜均勻的拌入白飯中。（也可將白飯與配菜一起炒，做成炒飯）。

❸把混合均勻的拌飯裝進飯盒中。

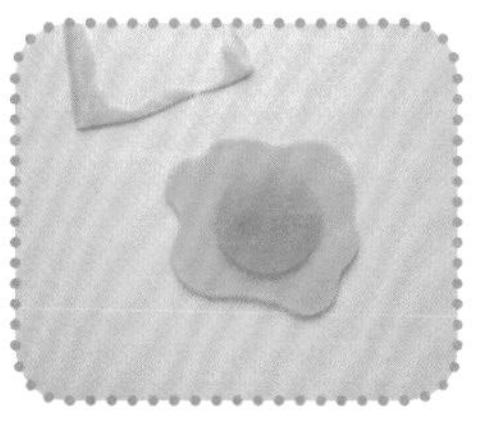

❹來做荷包蛋造型。黃蘿蔔切薄片，用調味料罐的蓋子壓出圓片。

❺拆開起司上的封膜，平鋪在桌面上；把作法 4 的黃蘿蔔圓片放在起司上面。

❻用牙籤隨意裁出形狀。

❼作法 6 的荷包蛋造型，蓋在拌飯上。

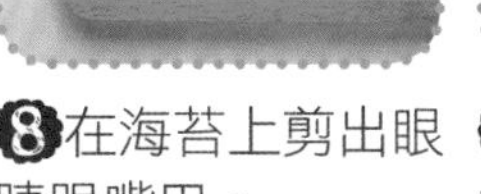

❽在海苔上剪出眼睛跟嘴巴。

❾眼睛和嘴巴沾少許美乃滋，黏貼於荷包蛋中間。

❿把紅蘿蔔切片，再用造型工具壓出形狀。

⓫作法 10 的紅蘿蔔餐具，放在荷包蛋兩邊；在荷包蛋的臉頰，點上少許番茄醬當腮紅。

配菜

XO醬炒蓮藕

約10分　1人份

材料

蓮藕 50 克、青椒 15 克
薑適量、辣椒 1 條

調味料

白醋 1 小匙、醬油 1 小匙
XO 醬 1 小匙

作法

1. 蓮藕去皮切小丁；青椒切丁；辣椒去籽切圓片；薑切末。
2. 爆香薑末，放蓮藕，加白醋翻炒至 8 分熟。
3. 放入青椒，加適量水略炒後，加入 XO 醬、醬油翻炒均勻。

晴天娃娃

陰雨綿綿的天氣就要派出晴天娃娃來擊退！可愛的造型飯糰讓心情也跟著出太陽，重複多捏幾個晴天娃娃，兩、三個排在一起看起來也不錯喔。

材料

白飯
紅彩椒
海苔
美乃滋

❶準備適量白飯，分 2 份捏成圓球，並用保鮮膜包緊。

❷將其中一個飯糰捏成三角形。

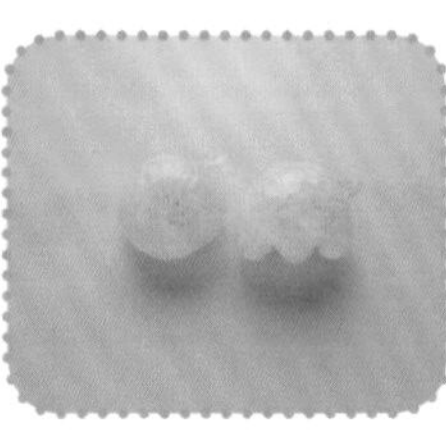

❸三角飯糰下面再壓出 2 個凹洞。

❹把圓飯糰放上面，三角飯糰放下面，上下組合在一起，放入便當中。

❺將紅彩椒切成細長條。

❻紅椒條放在 2 顆飯糰的接縫上。

❼在海苔上剪出眼睛跟嘴巴。

❽海苔五官沾些美乃滋，貼在飯糰上。

❾裝入配菜就可以開飯囉。

Tips

也可以用紅蘿蔔代替彩椒。

白醬杏鮑菇

約5分　1人份

材料

杏鮑菇 80 克、紅黃彩椒 30 克、綠花椰菜 30 克

調味料

基本白醬 1 ～ 2 大匙（基本白醬配方可參考 P.20）

作法

1. 杏鮑菇切斜片；彩椒切條；花椰菜切小朵後用滚水氽燙，撈出備用。
2. 熱鍋，先炒杏鮑菇，再放入彩椒與花椰菜拌炒。
3. 加白醬後炒均匀，再煮一下即可。

風味丸子燒

買了與白飯、稀飯最素配的「素肉鬆」，突然想起丸子燒上面的配料，正好跟素肉鬆相似，那就好好來利用，做丸子燒囉～！

材料

白飯　　巧克力棒
醬油　　美乃滋
醬油膏
素肉鬆

❶白飯混入少量醬油調成咖啡色。

❷醬油飯用保鮮膜包起，捏成球狀。

❸將保鮮膜拆開，在飯糰上沾適量醬油膏。

❹在醬油膏上撒些素肉鬆，若有海苔粉也可以加一些。

❺用剪刀，在海苔上剪出眼睛跟嘴巴（也可用打洞工具壓製）。

❻海苔五官沾些美乃滋，貼於飯糰上。

❼在飯糰上插上一小段巧克力棒。

❽把丸子燒放入便當中。

❾放進準備好的配菜即完成。

普羅旺斯燉菜

材料

茄子 40 克、小黃瓜 60 克、黃彩椒 60 克、小番茄 7 顆

調味料

巴西里 1 小匙、鹽 1/4 小匙、黑胡椒粒適量

作法

1. 小黃瓜切厚片後再對切，撒鹽靜置半小時等出水；茄子切厚片、再對切成四等分；小番茄對切；彩椒切丁。
2. 將茄子、小黃瓜炒至上色後盛出。
3. 同鍋，炒番茄跟彩椒，再加入茄子與小黃瓜，撒上調味料翻炒約 15 分即可。

迷你三角飯糰

迷你的小三角飯糰，加個五官、放在染紅的甜菜根飯上，簡單又可愛，一定要收集到你的口袋食譜中！不同顏色飯糰會呈現不一樣的感覺，一起盡情玩耍吧！

材料

白飯
甜菜根湯汁
起司
海苔
紅蘿蔔
美乃滋

❶甜菜根湯汁拌入白飯中，攪拌均勻成粉紅色。

❷飯對分成2份，捏成圓球。

❸起司裁成圓邊小三角形;海苔剪成方形海苔片、五官，準備2條長海苔片;紅蘿蔔片用小吸管壓成小圓片，當作腮紅。

❹海苔五官黏在三角形起司片上，紅蘿蔔腮紅沾點美乃滋，也固定在起司片上。

❺用長條海苔片圍住甜菜根飯糰，放進便當盒中，再放上作法 4 的造型起司片。

❻裝入配菜，就完成囉。

Tips

甜菜根湯汁要慢慢拌入白飯中，才能調出想要的顏色。

配菜

烤香菇

約5分　1人份

材料

乾香菇 2～3 朵

調味料

鹽適量

作法

1. 乾香菇先完全泡軟。
2. 香菇皺褶面朝上，送進烤箱裡以 180℃ 烤 3 分鐘後，在上面撒鹽，再續烤 2 分鐘。

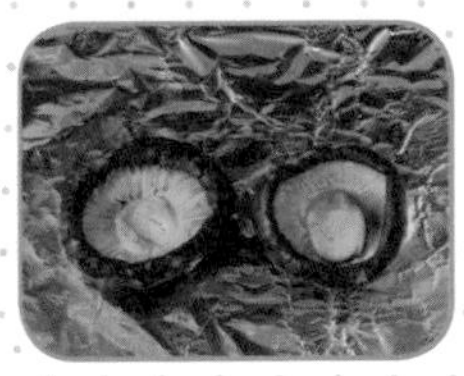

涼拌蘆筍

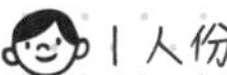

約3分　1人份

材料

蘆筍 3 支
橄欖油適量

調味料

鹽 1/4 小匙
黑胡椒粒少許
起司粉適量

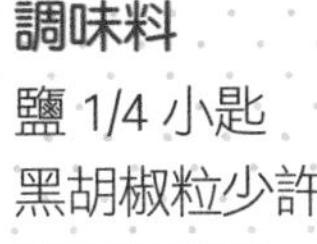

作法

1. 蘆筍切段，滾水汆燙後撈起。
2. 蘆筍放碗內，拌入橄欖油、鹽、胡椒粒及起司粉調味。

Part 3.

創造屬於自己的動物園！

動物造型便當

貓熊、黑熊、小海豹、小兔子……

不用人擠人，

打開便當就可以看到孩子最愛的超人氣動物明星！

再挑食的孩子都會把便當吃個精光吧。

貓熊與黑熊

可愛的貓熊與黑熊是好朋友，面無表情的臉蛋與黑白交替的配色，形成有趣的畫面，光是搭配海苔就足以讓米飯美味度提升好幾倍！

材料

白飯

海苔

起司

美乃滋

❶白飯分兩等份，分別捏成正方形；另外準備一片足夠包覆黑熊頭部的海苔。

❷在海苔上剪出貓熊與黑熊的五官；利用吸管在起司片上壓製出黑熊的眼睛跟鼻子，眼睛用小吸管、鼻子用一般吸管。

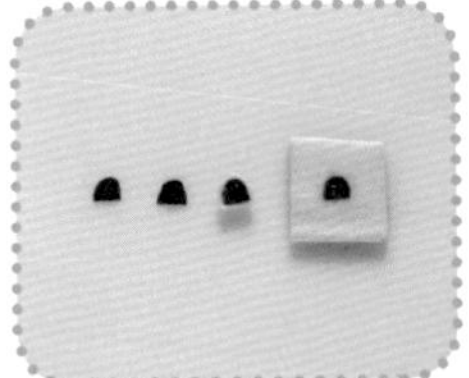

❸用海苔對折的方式剪出4片耳朵，其中2片黑熊耳朵疊在起司片上，用竹籤或牙線棒尾端留邊裁切。

❹用作法1的大片海苔包覆住飯糰，就成了黑熊的膚色，再把作法2、3元件沾美乃滋，貼於熊的臉部。

❺加上配菜就全部完成了。

Tips

- 飯糰不需捏的太方正，直接捏成圓球狀也行。
- 黑熊的眼睛利用起司片來製作，是為了做顏色的區隔。這樣才不會眼睛、皮膚都黑漆漆。

配菜

南瓜茶巾

約35分　1人份

材料

南瓜 1/2 顆（約 220 克）
薄荷葉裝飾用

調味料

糖 1/2 小匙
黑芝麻少許

作法

1. 南瓜去皮去籽，切小塊，放入預熱好的烤箱中以 200℃烤 30 分鐘（每台烤箱功率不同，時間與溫度僅供參考）。
2. 取出南瓜，將其壓成泥，拌入糖攪勻，用保鮮膜包緊、扭轉成型，再輕輕拆開，最後撒上黑芝麻及薄荷葉裝飾。

彩椒炒蘆筍

約5分　2人份

材料

綠蘆筍 10 支
紅椒 1/2 顆
黃椒 1/2 顆
薑 3～4 片

調味料

鹽 1/4 小匙
香菇粉少許

作法

1. 紅椒、黃椒切細條；蘆筍洗淨，削去尾部硬皮後切段，放入滾水中汆燙。
2. 熱鍋，爆香薑片，先下蘆筍略炒，再放彩椒、調味料與適量水分炒熟即可。

短耳小白兔

將飯糰中間壓凹並捏出形狀，就完成了簡單又不需任何拼湊的小兔子造型，搭配上粉色配菜杯和便當盒，小女生會喜歡的造型便當輕鬆完成。

造型

材料

白飯
海苔
番茄醬
美乃滋

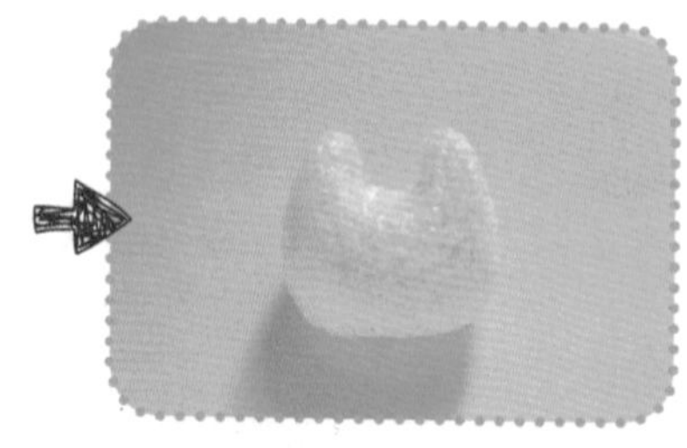

❶白飯放涼後用保鮮膜包起，先稍微捏圓，再慢慢捏出U型耳朵。

❷把作法1飯糰先放入配菜杯中，再放進便當盒中。

❸在海苔上剪出眼睛、睫毛、鼻子、嘴巴。

❹在飯糰上對好位置，沾些美乃滋將五官貼上，想加腮紅就沾上番茄醬，簡單又可愛的小兔子完成。

奶油煎地瓜片

約5分　1人份

材料

地瓜 1/2 條
奶油 10 克

調味料

鹽 1/4 小匙
黑芝麻少許

作法

1. 地瓜去皮切片。
2. 熱鍋，放進奶油塊，待奶油融化後放入地瓜片，以小火將兩面煎熟，撒上鹽調味，最後再撒黑芝麻。

芹菜炒豆干

約3分　1人份

材料

芹菜 70 克、豆干 2 塊
辣椒 1 條、水 1 ～ 2 大匙

調味料

鹽 1/4 匙、糖少許
香油少許

作法

1. 辣椒去籽切絲；豆干切條；芹菜切段，放入熱鍋中，加適量水翻炒。
2. 下豆干翻炒，加入調味料與辣椒絲拌炒均勻，起鍋前淋些香油。

汪汪吐司沙拉

你有想過吐司和吐司邊竟然這麼好用嗎？蔬果沙拉的好夥伴之一就是吐司，除了拿來組合成狗狗造型外，你還能想到哪些創意點子呢？一起來挑戰！

材料

吐司
海苔
起司
美乃滋

❶用便當盒比對出要裁切掉的吐司寬度。

❷裁好寬度後去吐司邊，將吐司再對切成 2 片，堆疊在一起。

❸在海苔上剪出狗狗的眼睛、鼻子、嘴巴。

Tips

2片吐司中間可塗抹任何自己喜愛的果醬。

❹起司片裁成一個裝的下海苔鼻子跟嘴巴的圓形或橢圓，接著用吐司邊切出2長方形當狗狗的耳朵。

❺找出最可愛的位置，將海苔、起司五官及吐司邊耳朵沾點美乃滋貼在吐司上。

❻將配菜裝進便當中，再把造型小狗放入就完成了。

生菜沙拉

約3分　1人份

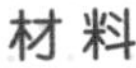

材料

生菜2片、玉米粒3大匙、小番茄5顆、小黃瓜20克
紫色高麗菜適量（配色用）、橄欖油1大匙

調味料

白醋1大匙、糖1/2小匙、鹽1/4小匙、黑胡椒粒適量

作法

1. 生菜洗淨撕成方便吃的適當大小（洗淨的生菜泡一下冰水，口感會更加爽脆）；小黃瓜切細條；小番茄對半切；紫色高麗菜切絲。
2. 上述蔬菜與玉米粒裝在一起，淋上橄欖油、醋，加糖、鹽，撒適量黑胡椒粒即完成。

天然呆小黑貓

只需剪海苔並使用吸管壓出的小起司片，就可以完成小黑貓造型！而且這個便當的製作非常快速，只要在前一天備好配件，當天就可以快速組合完成！時間若不是那麼充裕，就做這個吧！

材料

白飯
海苔
起司
美乃滋

❶白飯鋪平在便當中，作為底色。

❷海苔對折，以剪刀剪出貓咪的半邊輪廓。

❸繼續在海苔上剪出 6 根鬍鬚、2 顆黑眼珠；用 2 種不同大小的吸管在起司片上壓出 3 片圓片當眼白以及小鼻子。

❹先把作法 2 的貓咪海苔置於白飯上，再以美乃滋作為黏著劑，貼上鼻子、眼白、眼珠、鬍鬚就完成了。

Tips

可依個人喜好裝入自己愛吃的配菜。

配菜

毛豆炒豆干

約5分　1人份

材料

小香菇 6 朵、豆干 2 塊
毛豆 20 克

調味料

鹽 1/4 匙

作法

1. 毛豆先用滾水煮過；香菇用手剝碎後，下鍋炒香（若使用乾香菇，須先泡軟）。
2. 下豆干略炒，再放毛豆，加鹽與適量水，炒至湯汁收乾即可。

清炒紅蘿蔔馬鈴薯

約7分　1人份

材料

紅蘿蔔 30 克、水 100 克
馬鈴薯 60

調味料

鹽 1/4 小匙

作法

1. 馬鈴薯切塊；紅蘿蔔切厚片並壓出造型，下鍋略炒，再放馬鈴薯一起炒，加水燜煮數分鐘。
2. 撒上鹽炒至收汁即可。（這 2 項食材本身具有甜味，所以無需加味精）。

忙碌小蜜蜂

直接用起司加海苔片完成的小蜜蜂，無論是飯食、麵食、吐司餐包、還是披薩等料理，通通可以搭配做造型，簡單又方便。

造型

材料

白飯
起司
海苔
番茄醬
雪白菇
美乃滋

❶取適量白飯，放涼後用保鮮膜包起，捏成圓球飯糰。

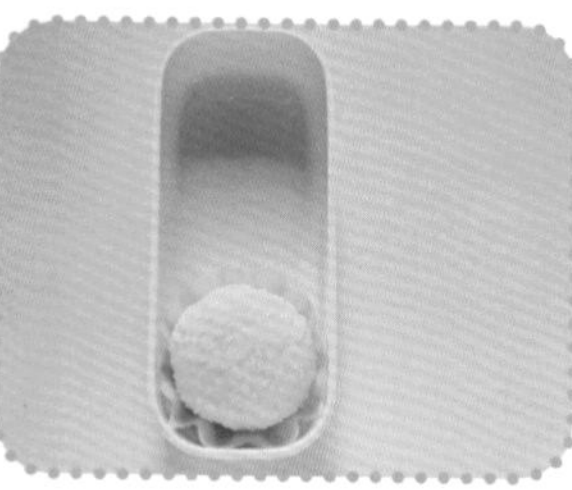

❷把白飯糰先放進便當盒中。

❸用海苔剪出蜜蜂身上的紋路，及蜜蜂側面所需的眼睛、嘴巴各一；用竹籤在起司片上裁出一橢圓形當蜜蜂身體；裝入配菜後，將起司片置於白飯上，再一一將剪好的海苔配件沾些美乃滋貼上。

❹雪白菇切半，放在起司片上當蜜蜂翅膀；臉頰點上番茄醬腮紅即成。

配菜

馬鈴薯煎餅

約10分　1人份

材料

馬鈴薯 80 克
地瓜粉 2 小匙

調味料

鹽 1/4 小匙、起司粉少許
黑胡椒粒少許

作法

1. 馬鈴薯去皮刨絲，加入地瓜粉跟鹽攪拌均勻，做成餅。

2. 將作法 1 下油鍋煎熟，起鍋前撒起司粉和黑胡椒粒即可盛盤 。

三色毛豆

約5分　1人份

材料

毛豆 30 克、紅蘿蔔 30 克
雪白菇 30 克、玉米粒 20 克

調味料

鹽 1/4 小匙

作法

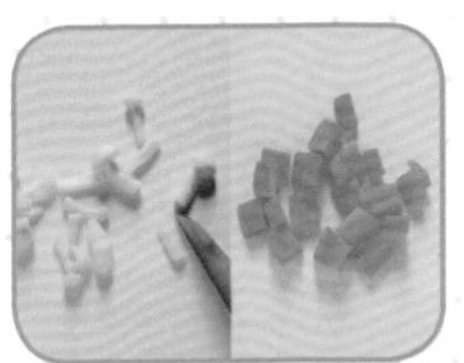

1. 雪白菇切除根部，用手剝成小朵後切小段；紅蘿蔔切丁；將紅蘿蔔跟毛豆事先水煮過（煮過後比較好炒軟）。

2. 熱鍋，加入雪白菇炒香，再下紅蘿蔔、毛豆、玉米粒拌炒，加適量水分跟鹽炒至收汁。

溫馴小老虎

來馴服兇猛老虎！用薑黃飯製作的小老虎，裝進便當後化身為可愛溫馴的貓科動物，不用特地跑到動物園就能近距離接觸。

造型

材料

白飯
薑黃飯
海苔
紅蘿蔔
義大利麵條
美乃滋

❶備好薑黃飯與白飯，用薑黃飯做出 1 大 2 小的飯糰；用少量白飯捏出 1 顆小圓球鼻子；用保鮮膜將老虎頭與白飯包在一起，壓緊避免分離。

❷海苔上剪出老虎的眼睛、鼻子、左右共 4 根鬍子，以及額頭上的 3 條紋路，再用吸管壓出 2 片紅蘿蔔圓片。

❸把老虎頭飯糰放入便當盒中後，用乾燥或炸過的義大利麵條銜接上耳朵。

❹準備好的配菜裝進便當中；把作法 2 的五官配件沾少許美乃滋，貼在老虎臉上就完成了。

黃瓜炒蒟蒻

約5分　1人份

材料

小黃瓜 30 克、紅蘿蔔 30 克
蒟蒻 50 克、水 100 克

調味料

鹽 1/4 小匙
香油少許

作法

1. 紅蘿蔔和小黃瓜切丁；蒟蒻用手撕成小塊，與紅蘿蔔一起放進熱鍋中，加水燜煮約 3 分鐘。
2. 放小黃瓜略炒，加鹽炒至收汁，起鍋前淋上香油即可。

煎豆腐

約10分　1人份

材料

板豆腐 200 克
辣椒 1/2 條

調味料

醬油 1 大匙
糖 1/2 小匙、香油少許

作法

1. 辣椒切段；豆腐擦乾水分切片或切成三角形，下鍋煎至兩面金黃後起鍋。
2. 鍋中放辣椒炒一下，加適量水、醬油跟糖，煮滾後放豆腐，至湯汁收乾後淋上香油，起鍋。

黃色小象

大象變小象，塞在飯盒跟你 say hello！打開飯盒，小象彷彿要伸長鼻子與你來個熱情的問候！

造型

材料

薑黃飯
海苔
紅蘿蔔
美乃滋

❶用薑黃飯分別捏出 1 個橢圓形、1 個長條形、2 個圓球，將圓球飯糰的單邊壓出耳朵凹洞。

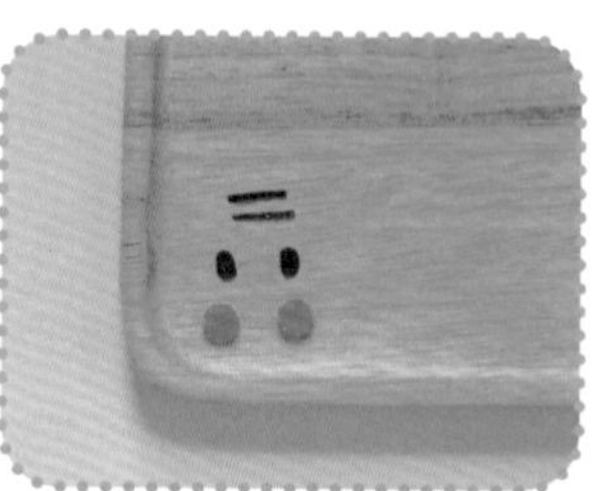

❷剪出 2 條細長方型海苔及 2 圓片海苔；以吸管在紅蘿蔔上壓出圓片。

❸先在便當盒中放入2個耳朵。

❹再放上象頭與鼻子。

❺將作法2配件沾美乃滋，貼在薑黃飯上，放進配菜即完成。

配菜

三杯豆腸

約10分　1人份

材料

豆腸100克
薑片20克
小香菇5朵

調味料

醬油1大匙、麻油適量
糖1小匙、九層塔適量

作法

1. 豆腸切段；香菇用手撕小塊；用麻油熱鍋，小火慢煎薑片爆香，再加入香菇炒香。
2. 加糖跟醬油略炒，再放入豆腸拌炒至水分收乾，最後放九層塔及辣椒，炒至九層塔熟即可。

毛豆炒三蔬

約5分　1人份

材料

毛豆30克、紅蘿蔔20克
馬鈴薯20克、玉米粒20克

調味料

鹽1/4小匙

作法

1. 配合毛豆與玉米粒大小，將紅蘿蔔、馬鈴薯切丁；毛豆先以滾水煮過。
2. 熱鍋先炒紅蘿蔔，再放馬鈴薯及玉米粒拌炒，最後加入毛豆、適量水和鹽翻炒至收汁。

松鼠沙拉吐司

包著馬鈴薯沙拉的吐司捲……捲……捲起來，放上松鼠五官就成了拉寬比例的大臉頰松鼠，也可用同樣方法完成其他可愛小動物喔。

材料
吐司
海苔
起司
美乃滋

❶吐司切去邊後，在中間放上馬鈴薯沙拉。

❷從一端慢慢捲起，捲好後用保鮮膜包覆固定。

❸抽掉保鮮膜後，再將吐司捲放進餐盒裡。

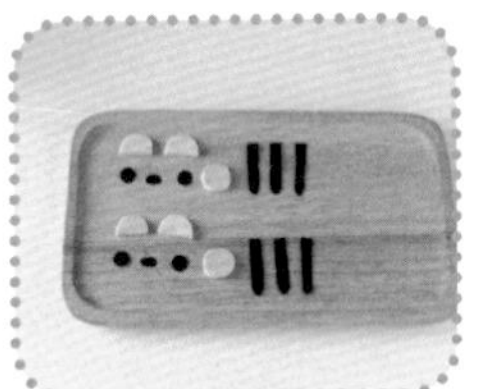

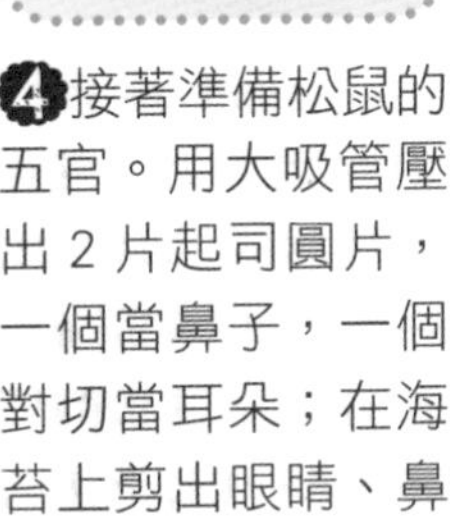

❹接著準備松鼠的五官。用大吸管壓出 2 片起司圓片，一個當鼻子，一個對切當耳朵；在海苔上剪出眼睛、鼻子以及松鼠額頭上的紋路線。

❺將作法 4 配件沾少許美乃滋，貼於捲好的吐司上。

❻依自己喜好調整五官位置。

❼把蔬果放進餐盒，水果吐司便當就完成了。

Tips

五官位置不同，整體感覺也會不一樣，可以自己試試。

馬鈴薯沙拉

約 15 分　1 人份

材料

馬鈴薯 1 顆、紅蘿蔔 50 克、玉米粒 50 克

調味料

美乃滋 30 克

作法

1. 馬鈴薯切大塊；紅蘿蔔切丁；煮一鍋滾水，煮軟馬鈴薯與紅蘿蔔。
2. 煮軟的馬鈴薯壓成泥。
3. 拌入紅蘿蔔、玉米粒、美乃滋，攪拌均勻即可。

乳牛素柳飯

快來DIY超可愛的乳牛飯，這可是經典圖案唷！發揮創意做出各種形狀海苔片，再把它集合起來，乳牛的感覺就出來了。我想，加個幾片熊熊、貓咪等造型海苔應該也不錯。

材料
白飯
海苔
美乃滋

❶取適量白飯，放涼後用保鮮膜包起來。

❷白飯放進便當中調整形狀。

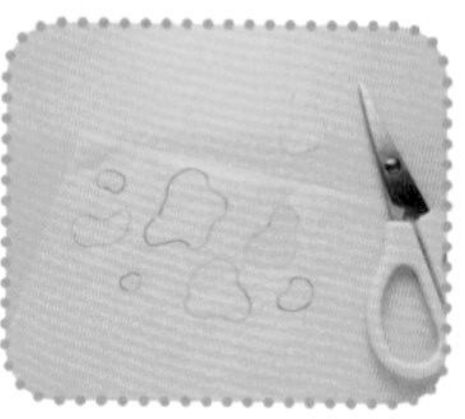

❸在烘焙紙上畫出乳牛斑點，並用剪刀剪下。

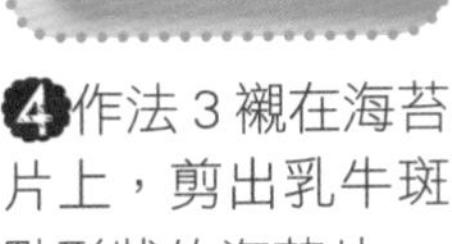

4 作法 3 襯在海苔片上，剪出乳牛斑點形狀的海苔片。

5 作法 2 白飯去掉保鮮膜，裝進便當容器中。

6 乳牛斑點海苔片沾些美乃滋貼在白飯上。

7 裝入準備好的配菜即完成。

黑胡椒素牛柳

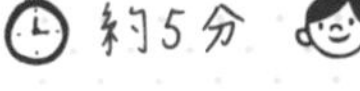

材料

豆枝 20 克、紅甜椒 20 克、青椒 20 克
大香菇 1 朵、水 50 克

調味料

素蠔油 1/2 大匙、醬油膏 1/2 大匙、糖 1/2 小匙
番茄醬 1/2 小匙、黑胡椒粒 1/2 小匙、太白粉水少許

作法

1. 豆枝跟香菇用熱水泡軟，擠乾水分備用；紅甜椒、青椒、香菇切絲。
2. 炒香黑胡椒粒後，加入香菇一起炒。
3. 倒入水與調味料，加入紅甜椒、青椒、豆枝，用小火煮約 3 ～ 4 分鐘，起鍋前淋太白粉水勾芡。

亮眼小瓢蟲

黑、紅對比強烈的瓢蟲造型飯糰，把配件拆解就一目瞭然，其實很容易製作喔～色彩鮮明又可愛的外型相當吸引目光。

材料
白飯
甜菜根湯汁
海苔
起司
美乃滋

❶白飯拌入一些甜菜根湯汁。

❷用保鮮膜包起捏成球狀。

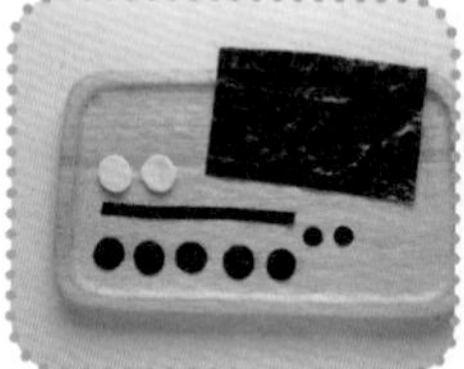

❸用海苔和起司片製作瓢蟲身上的圓點、線條、眼睛等配件。

❹方形海苔片邊緣先剪出一些缺口，再順著飯糰形狀將頂部完全包覆，包上保鮮膜固定。

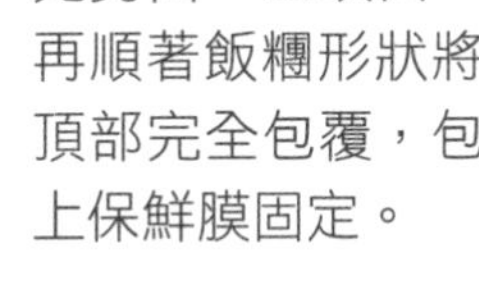

❺拆開保鮮膜，在中心位置，垂直貼上線條海苔；圓點配件沾些美乃滋貼在身體上。

❻最後在頭部貼上眼睛即完成。

Tips

製作瓢蟲身上的配件時，可將海苔對折直接剪出多個圓片，並利用大吸管壓出起司圓片。

配菜

奶油煎吐司

約5分　1人份

材料

吐司 2 片
奶油 20 克

調味料

砂糖 5 克

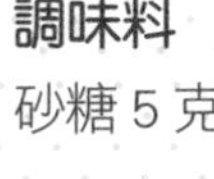

作法

1. 將奶油塊放入熱鍋中融化。
2. 吐司切邊後撒上砂糖，放入鍋中煎至兩面金黃色，再切成小塊。

豆芽菜炒地瓜葉

約3分　1人份

材料

豆芽菜 30 克
地瓜葉 40 克

調味料

鹽 1/4 小匙
香菇粉少許

作法

1. 豆芽菜去除頭尾；地瓜葉摘去粗梗；熱鍋後將豆芽菜略炒，起鍋備用。
2. 地瓜葉放入鍋中炒，再下豆芽菜和調味料翻炒均勻。

貓熊寶貝

貓熊開放參觀中～市面上有許多貓熊造型工具可以利用，若手邊沒現成工具，也可以自己捏喔。不用到動物園，就可以看到圓仔，擁有愉悅好心情！

材料

白飯
海苔
紅蘿蔔
美乃滋

❶捏出2顆橢圓形飯糰。

❷在海苔上剪出貓熊的五官跟身體配件；紅蘿蔔切薄片後用吸管壓出圓片腮紅。

❸利用美乃滋當接著劑，先把貓熊的黑色線條橫貼於飯糰中間，再把鼻子貼於上半部的中心位置，眼睛、嘴巴依序貼上，耳朵放在偏頭頂處，最後將紅蘿蔔貼於臉頰上。

❹完成的造型貓熊放入便當盒裡。

❺裝入準備好的配菜，完成。

配菜

奶油炒蘑菇

約5分  1人份

材料

蘑菇 3 朵
青椒 25 克
紅彩椒 25 克
奶油 10 克

調味料

鹽適量

作法

1. 蘑菇切片；青椒和紅彩椒切小塊。
2. 熱鍋，放入奶油使其融化，並炒香蘑菇。
3. 其他食材加進去，再撒適量鹽翻炒均勻。

滷油豆腐

約20分 1人份

材料

油豆腐 100 克
薑 4～5 片
水 100 克

調味料

糖 2 小匙
醬油 2 大匙

作法

1. 薑片爆香，加糖拌炒至糖融化，再倒入醬油和水。
2. 放入油豆腐，以小火慢煮 15 分鐘即可（想更入味可以放久一點再吃）。

黑鼻綿羊

用雲朵形壓模在吐司上壓出羊毛造型，中間再貼上臉部配件就 OK 啦！壓模工具快速又方便，做餅乾時也可以派上用場，你也可以在吐司、餅乾之間夾上喜歡的配料，增加味覺的層次感喔。

材料
吐司
海苔
起司
美乃滋

❶ 用雲朵形狀的壓模將吐司壓出造型。

❷在海苔上剪下小羊頭部形狀（如圖）；以吸管在起司片上壓出圓片，並用剪刀在海苔上剪出圓片，完成眼睛配件。

❸把小羊的頭部貼在吐司中間，接著疊上沾了美乃滋的起司圓片、海苔圓片。

❹配菜裝入餐盒中；放入水果。

❺將小羊吐司和造型蔬菜擺進去，就完成了。

Tips 2片吐司中間可塗抹自己喜愛的果醬。

涼拌粉絲

約5分 2人份

材料

粉絲1把、小黃瓜30克

紫高麗菜30克、紅彩椒30克

調味料

麻油1小匙、鹽1小匙

糖1大匙、白醋1大匙

作法

1. 煮一鍋滾水，將粉絲煮至軟，撈起瀝乾備用。
2. 小黃瓜、紅彩椒、紫高麗菜洗淨後切成絲，放入碗中。
3. 加入粉絲、調味料，一起拌勻即可。

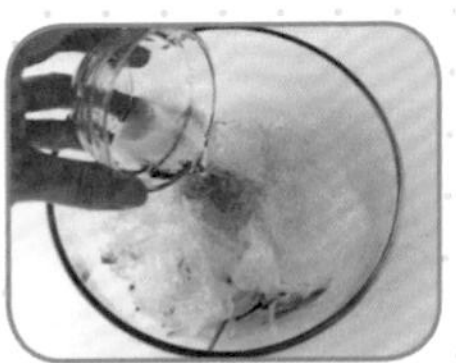

熊熊漢堡

我的漢堡和別人不一樣！用超簡單的免揉麵包，完成卡哇伊的小熊造型漢堡，亦可直接烤出圓麵包，然後以義大利麵條銜接素熱狗當小熊耳朵。

材料

免揉麵包麵團
海苔
起司
美乃滋

❶先製作好免揉麵包的麵團。

❷手沾麵粉，取麵團捏出 1 顆大圓、2 顆小圓，沾少許水銜接頭部與耳朵，放入已預熱的烤箱，以 180℃烤 25 分鐘。

❸海苔剪成熊熊的眼睛、鼻子、嘴巴，再用牙籤在起司片上裁出一圓片。

❹取出烤好的麵包，用麵包刀將其橫切兩半，2片麵包間疊上漢堡配料。

❺備好的五官沾少許美乃滋貼於麵包上。

Tips

- 每台烤箱的功率不同，時間與溫度僅供參考。
- 免揉麵包的麵團作法可參考 p.21

配菜

山藥豆腐排

約10分　1人份

材料

山藥 100 克、板豆腐 100 克、麵包粉 30 克、蘑菇 2 顆
太白粉水（粉：水＝ 3：1）、水 2 大匙

調味料

鹽 1/2 小匙、白胡椒粉少許、醬油 1 大匙

作法

1. 山藥削皮切小塊，放到果汁機打成泥（也可以用磨的）；板豆腐以刀背壓碎，用棉布擠乾水分。
2. 蘑菇切碎，和山藥泥、麵包粉一起放入碎豆腐中，加入鹽、白胡椒粉，捏成圓餅。
3. 熱鍋，放入豆腐排煎至金黃，接著加入醬油、水、太白粉水，讓豆腐排吸附醬汁，煮至入味。

汪汪便當

沒有人抵擋的了膨膨圓圓的可愛
小狗狗！利用醬油進行耳朵部位
的染色，或是直接以白飯做造型，
也可以整個造型都用醬油飯完
成，3 種變化任選一種，快來創
作屬於自己的小狗！

材料

白飯
醬油
海苔
義大利麵條
美乃滋
番茄醬

❶ 盛適量白飯。

❷用保鮮膜包起白飯，把白飯捏成圓球。

❸取少量白飯，拌入醬油染成咖啡色。

❹醬油飯捏成 2 個等量的長條形，作為狗狗的耳朵。

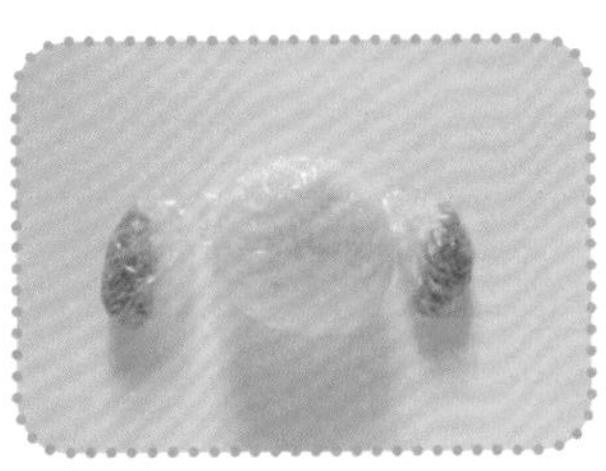

❺保鮮膜拆開前先對好位置，調整好比例，看是否需修改大小。

❻將海苔對折，以剪刀剪出眼睛、鼻子、嘴巴。

❼作法2的飯糰（頭部）放進便當盒中，決定好位置。再利用乾燥或炸過的義大利麵條，銜接醬油飯糰（耳朵）。

❽準備好的配菜放入便當中，海苔五官沾少許美乃滋，貼於飯糰上；臉部沾點番茄醬作為腮紅即成。

配菜

玉米可樂餅

約15分  2～3人份

材料

馬鈴薯 1 顆、麵包粉適量
玉米粒 3 ～ 4 大匙
無蛋美乃滋適量
低筋麵粉少許

調味料

鹽 1/4 小匙

作法

1. 馬鈴薯削皮切片，滾水煮軟後趁熱壓成泥，加鹽及玉米粒攪拌均勻。
2. 取適量馬鈴薯泥，捏成球狀再壓扁製成餅，依序裹上薄薄一層麵粉、美乃滋、麵包粉。
3. 可樂餅放入 160℃的油中，炸至金黃色即可夾出（也可直接將麵包粉放入鍋中，以小火翻炒至上色，再將可樂餅沾滿炒過的麵包粉，放入烤箱烤成金黃色即可）。

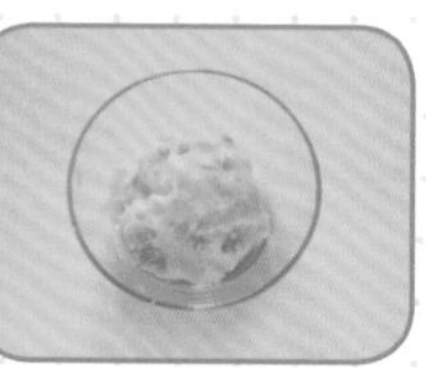

彩椒炒袖珍菇

約3分 2人份

材料

紅椒 1/2 顆
黃椒 1/2 顆
袖珍菇 10 朵

調味料

鹽 1/4 小匙
香菇粉 1/4 小匙
香油少許

作法

1. 大片袖珍菇用手撕成 2 片或 3 片；黃椒、紅椒切丁。
2. 熱鍋，先下袖珍菇炒出香氣來，再放紅、黃椒，加調味料和適量水拌炒，起鍋前淋香油即成。

元氣大耳猴

你喜歡動物園裡的哪隻動物呢？我們先邀請小猴子到便當中玩耍吧！捏成心型的白色米飯及大大的耳朵是不是讓小猴子更活靈活現了呢？一起試著做做看吧。

材料

白飯
醬油
海苔
番茄醬
義大利麵條
美乃滋

❶準備 2 球差不多大小的飯糰，其中一份以少許醬油染成咖啡色。

❷白飯糰包上保鮮膜，捏成圓形。

❸白飯糰壓扁後捏成心形；醬油飯捏成圓球後將下方壓扁，壓出一個凹洞，做出合併白飯糰用的空間。

❹比較 2 個飯糰的形狀、大小，調整好尺寸（避免飯糰合併後，白飯糰顯得太突出）。

❺取適量醬油飯，分成兩等份，分別用保鮮膜包住，捏成圓球。

❻心形飯糰與壓出凹洞的醬油飯糰合併；把作法 5 飯糰的底部壓平（壓平處為銜接頭部的地方）。

❼海苔對折，以剪刀剪出猴子五官。

❽將猴子頭放進便當盒中，確認好位置。

9 裝入配菜，再用炸過的義大利麵條銜接耳朵。

10 剪好的海苔五官，沾點美乃滋貼於臉部，再點上番茄醬腮紅即成。

配菜

炒芹菜

約3分　2人份

材料

芹菜 95 克
紅蘿蔔 80 克
袖珍菇 60 克

調味料

鹽 1/4 小匙
香菇粉 1/4 小匙

作法

1. 紅蘿蔔切條;大片袖珍菇用手剝成2～3 瓣；芹菜挑去老葉，梗切段（芹菜葉炒起來很嫩所以留下）。
2. 熱油，先炒袖珍菇跟紅蘿蔔，接著下芹菜梗略炒，最後下芹菜葉、加些水，放入調味料拌炒均勻。

炸高麗菜

約5分　2～3人份

材料

高麗菜 50 克

麵衣材料

低筋麵粉 60 克
地瓜粉 10 克
沙拉油 10 克
鹽 1/2 小匙
冰水 30 克

作法

1. 高麗菜切碎；麵衣材料混合調好，拌入高麗菜中。
2. 熱鍋，取適量高麗菜放入鍋中油炸。

紫色小熊

材料

白飯
紅鳳菜湯汁
海苔
起司片
美乃滋
義大利麵條

❶白飯與紅鳳菜湯汁攪拌均勻。

❷紅鳳菜飯捏成 1 顆大圓球（小熊頭部）、2 顆小圓球（耳朵）。

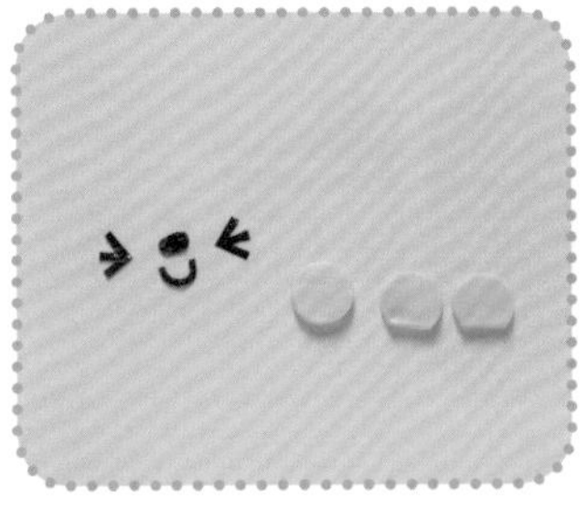

❸用剪刀在海苔上剪出五官，用吸管在起司上壓出 3 圓片，其中 2 片把邊緣切平（耳朵用）。

❹大圓球飯糰放進便當盒中決定位置。

❺利用乾燥或炸過的義大利麵條，銜接上耳朵；放入配菜；以美乃滋為接著劑，在飯糰中心貼上圓形起司片當鼻子，再貼上海苔五官，並把另外 2 片起司貼在耳朵上。

Tips 起司片加熱後會稍微融化，改用白飯取代也可以。

配菜

奶油炒玉米

約3分　1人份

材料

玉米粒 3 大匙
奶油塊 5 克

調味料

黑胡椒粒少許

作法

1. 熱鍋，將奶油融化。
2. 放入玉米粒，撒上黑胡椒粒與奶油一起炒勻即可。

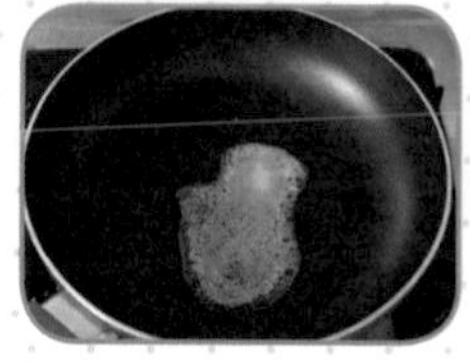

起司花椰菜

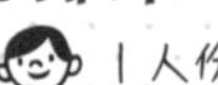
約3分　1人份

材料

花椰菜 3 ～ 4 朵

調味料

鹽少許
白胡椒粉少許
橄欖油 1/4 小匙
起司粉適量

作法

1. 煮一鍋滾水，放入花椰菜汆燙。
2. 撈起花椰菜，瀝乾水分，加鹽、白胡椒粉、橄欖油拌勻，最後撒上起司粉即可。

蔬菜捲餅

約10分　1人份

材料

紅蘿蔔 25 克
蘆筍 2 支
綠豆芽 20 克
低筋麵粉 50 克
地瓜粉 10 克
水 100 克

調味料

鹽 1/2 小匙

作法

1. 將麵粉、地瓜粉、鹽、水調成麵糊，倒進熱鍋中煎好備用（餅皮厚度依個人喜好決定，想煎薄一點就分兩次煎）。
2. 紅蘿蔔切條；蘆筍削去粗皮後切段；豆芽菜去除頭尾；煮一鍋滾水將食材燙熟，撈起泡冷水後，瀝乾水分。
3. 餅皮抹些番茄醬，於餅中間放上作法 2 的食材，再將餅皮捲起即可。

小雞與小熊

利用染色好幫手——醬油做出小熊的膚色，用玉米粒做小雞嘴巴，用海苔做小雞與小熊的五官，輕輕鬆鬆就完成活靈活現的造型，數量多感覺就更可愛了！

造型

材料
白飯
醬油
海苔
起司
紅蘿蔔
玉米粒
美乃滋
紅色造型叉或紅彩椒

❶小熊的咖啡膚色，用醬油染白飯來完成。

❷準備 3 顆圓形飯糰，小雞用白飯（2 個）、小熊用醬油飯（1 個），另外再捏 2 個小醬油飯糰，當作小熊的耳朵。

❸準備雞冠，直接用紅色造型叉最方便，若沒有就用紅色彩椒切出愛心形狀。

❹在海苔上剪出所需的五官，3 隻小動物共需 6 顆眼睛，鼻子和嘴巴只需準備小熊的部分就可以了。

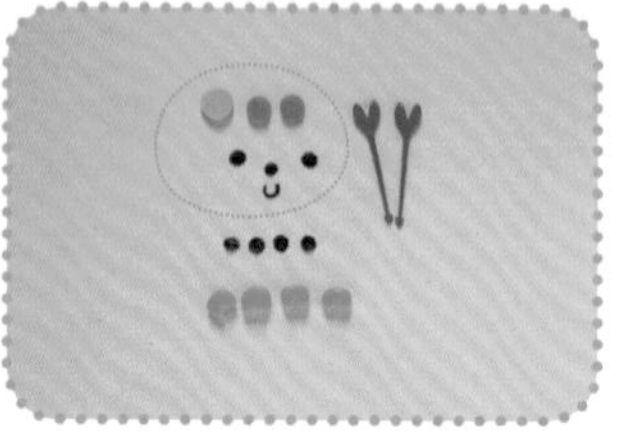

❺吸管壓出紅蘿蔔圓片當腮紅；大吸管壓出起司圓片製作鼻子；準備玉米及愛心叉當作小雞的嘴巴與雞冠。（虛線內是小熊的五官配件）

❻飯糰放入便當中，調整好位置，先裝進配菜，再貼上五官才不必擔心造型被碰撞。

❼小熊耳朵用乾燥或炸過的義大利麵條銜接上，再把所有五官配件沾少許美乃滋貼在各飯糰上，就完成了。

小雞嘴巴也可用紅蘿蔔或黃蘿蔔來代替。

炒雙菇

約5分　1人份

材料

鴻禧菇
雪白菇 70 克
玉米筍 2 支

調味料

鹽 1/4 小匙
素蠔油 1 小匙

作法

1. 玉米筍切小段；2種菇類去蒂頭，剝小瓣（若覺得太大不好裝便當可再切段）。
2. 熱鍋先放入鴻禧菇、雪白菇炒香，再加入玉米筍及調味料一起炒至收汁。

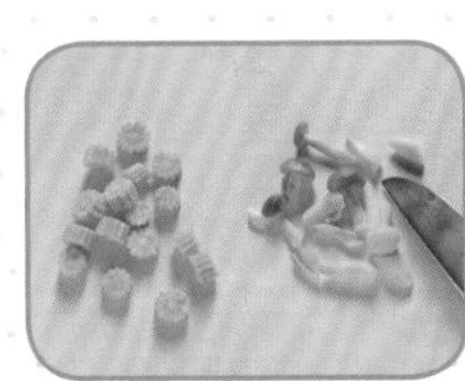

煎豆干

約5分　1人份

材料

豆干 4 塊

調味料

鹽 1/2 小匙
糖 1 小匙
醬油和水適量

作法

1. 小火將豆干煎至兩面微焦（或事先炸過，更容易入味）。
2. 加入鹽、糖、醬油與水，燜煮至收汁。

粉紅小兔

將小兔子用粉紅色的便當盒裝起來，超級卡哇伊！兔耳朵與頭部用不同的飯糰，最後再用義大利麵條銜接，加上五官和蝴蝶結裝飾，就完成了很有女人味的可愛小兔。

材料

白飯
海苔
義大利麵
美乃滋
紅蘿蔔
青豆仁

❶捏出一大兩小的飯糰，大顆捏成圓球當兔子頭，小顆捏成橢圓形當兔耳朵。

❷先把頭部的飯糰放進便當中。

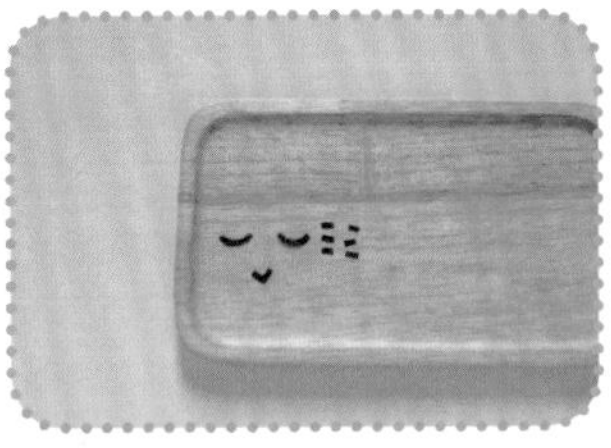

❸在海苔上剪出兔子的眼睛、嘴巴、睫毛。

❹將作法3配件沾些美乃滋貼於飯糰上，裝入配菜後用義大利麵條銜接兔耳。

❺接著製作兔子旁的紅蘿蔔，首先用刀切出一條長方塊紅蘿蔔。

❻用刀削出紅蘿蔔的大略形狀，再小心翼翼的刻出紋路。

❼用義大利麵條把青豆仁、紅蘿蔔銜接起來，再放入便當中就完成了。

Tips

- 為了避免耳朵被碰撞到，所以最後才接上兔耳朵。
- 兔耳朵的大小與擺放位置都會影響呈現出來的感覺，建議邊做邊調整到自己喜歡的樣子。

地瓜豆包

約3分　2人份

材料

豆皮 3 片
地瓜 1 顆
麵粉水適量

調味料

鹽少許
黑胡椒粒適量
白芝麻適量

作法

1. 地瓜蒸熟，取出壓成泥，加鹽攪拌均勻備用。
2. 濕豆皮攤開，撒上黑胡椒粒，鋪上地瓜泥；三邊開口抹上調好的麵粉水黏合起來，豆皮表面也塗上麵粉水，撒上熟白芝麻。
3. 下鍋煎至金黃色。

蘆筍炒鴻禧菇

約3分　1人份

材料

蘆筍 4 支
紅蘿蔔 30 克
鴻禧菇 80 克

調味料

鹽 1/4 小匙
香菇粉少許

作法

1. 蘆筍切段；紅蘿蔔切條；蘆筍及紅蘿蔔段皆放入滾水中汆燙。
2. 熱鍋，先炒香鴻禧菇，再下紅蘿蔔、蘆筍，加鹽、香菇粉及適量水炒至湯汁收乾。

頑皮小海豹

圓滾滾的大眼睛，配上無辜眼神真是太萌啦！無敵可愛的雪白小海豹真的相當簡單，只要直接用白飯捏成球狀，再貼上海苔五官就可以完成了。

材料

白飯
海苔
美乃滋

❶取適量白飯，放涼後用保鮮膜包起，捏成圓球飯糰。

❷以剪刀在海苔上剪出五官，相同的圖案可將海苔對折，再一次剪出。

❸用夾子夾起五官，沾少許美乃滋一一將配件貼在飯糰上。

❹小海豹放入便當盒中，決定好位置。

❺剩餘的空間裝入配菜，再以體型較小的蔬果填補空隙即可。

Tips

- 海苔五官也可使用壓模壓出，再加以修剪製作。
- 可將飯糰移到配菜杯中，再放入便當裡調整位置，避免手部粘黏飯粒。

炒紅蘿蔔

約3分　1人份

材料

紅蘿蔔 40 克

調味料

白芝麻少許
鹽 1/4 小匙

作法

1. 紅蘿蔔去皮刨成絲。
2. 熱鍋，放入紅蘿蔔及適量水分炒至軟，再放鹽調味，最後撒上少許白芝麻即成。

紅燒南瓜

約5分　1人份

材料

南瓜 80 克

調味料

醬油 1/2 小匙
糖 1 小匙

作法

1. 南瓜用手或湯匙去籽，切丁。
2. 南瓜入鍋煎至微焦，放調味料後翻炒至收汁。

酥炸筊白筍

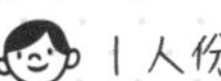
約5分　1人份

材料

筊白筍 1 條
低筋麵粉少許
麵包粉適量
美乃滋少許

作法

1. 筊白筍中間劃上刀痕以去除外皮，再削去粗糙部分。
2. 依序沾上麵粉、美乃滋、麵包粉，稍微壓一下，放入 170℃ 左右的熱油中炸至金黃色即可。

Part 4.

迎接特別的日子！

節慶造型便當

一年中有許多重大節日，

大至中秋節、聖誕節、新年，

小至生日、運動會……，

每個有意義的日子都值得紀念。

獨特的日子當然也要有特別的便當啦，

就讓中秋節玉兔、端午節龍舟、

聖誕老公公、財神爺陪孩子一起過節吧！

花火節

煙火也能變身造型餐點唷，用容易取得的海苔片當黑色夜空，然後把各種顏色的食材拿出來（要壓好形狀），拼湊出一場絢麗的煙火秀！

造型

材料

白飯
海苔
黃蘿蔔
紅蘿蔔
起司

❶用水滴形壓模在黃蘿蔔片上壓出形狀，再用壓模邊緣處，於同片食材的左右各壓出一片花瓣圖形。

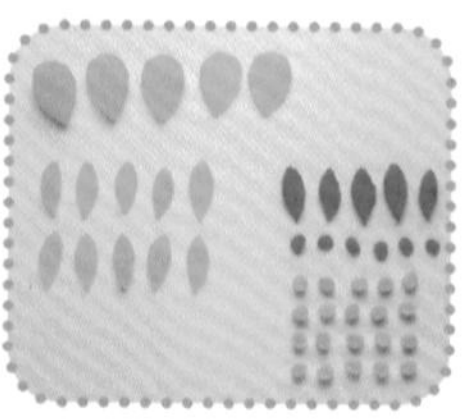

❷備齊所有煙火配件。共有水滴形、細長形、小吸管壓出的圓形 3 種。

❸白飯用保鮮膜包起，捏成 3 顆大小相同的圓球。

❹準備3張海苔片，海苔片必須是能夠完整包住飯糰的尺寸。

❺把飯糰用海苔片包起來。

❻將海苔飯糰裝進便當盒內。

❼放上水滴形和細長形配件，擺放成黃色煙火。

❽放上紅蘿蔔細長形配件及圓片。

❾穿插放入不同大小的起司、紅蘿蔔圓片，讓煙火有變化，再裝入配件即成。

Tips

若擔心配件食材移位，可事先在各配件上沾少許美乃滋再貼在飯糰上。

菠菜炒堅果

約5分　1人份

材料

菠菜 60 克
堅果 25 克
小番茄 2～3 顆

調味料

辣椒粉適量
鹽 1/4 小匙
黑胡椒粒適量

作法

1. 番茄去皮切碎，入鍋略炒後盛出備用。
2. 菠菜洗淨切段，放入鍋中略炒，加辣椒粉拌炒至軟。
3. 加適量水分、番茄、堅果煮一下，最後撒鹽跟黑胡椒粒調味。

生日蛋糕

把甜點變成便當造型，做出不一樣的生日蛋糕！寶貝的歲數可自由替換，白飯刻意疊成上下兩層，看起來更立體了！愛心滿滿的造型便當，就是最好的生日禮物。

材料

白飯
起司
青豆仁
玉米粒

❶取適量白飯放在保鮮膜上。

❷白飯略分成 3：2 的大小，大的製作蛋糕底層，小的製作蛋糕上層。

❸把 2 顆飯糰包緊，捏成圓球。

❹ 2 顆圓球飯糰都壓成圓餅狀，並稍微做出直角。

❺烘焙紙上畫出數字 6，並將其剪下。

❻剪下的紙疊在起司片上，用牙籤沿著輪廓裁出數字。

❼把作法 4 完成的大圓餅飯糰先放進便當中，再疊上完成的小圓餅飯糰。

❽準備好的配菜裝入便當中。

❾在大蛋糕邊緣，放上青豆仁及玉米粒做裝飾。

❿把數字 6 起司片放最上方，再加入色彩繽紛的裝飾，就完成了。

Tips

蛋糕上的數字可用牙籤在起司片上裁切，也可以使用壓模工具直接壓出來。

雪裡紅炒豆干

材料

雪裡紅 40 克
紅蘿蔔 10 克
豆干 1 塊（約 30 克）

作法

1. 豆干、紅蘿蔔切丁；雪裡紅切短段；熱鍋，放入豆干炒至微焦。
2. 依序放入紅蘿蔔、雪裡紅下鍋翻炒。

櫻花季

賞櫻花不需人擠人，帶著便當就能夠慢慢欣賞。用刷子把甜菜根湯汁刷在白飯上，顏色深淺可自由控制，還能刷出漸層色櫻花，點綴上造型蔬菜，讓便當更豐富了。

造型

材料
白飯
甜菜根湯汁

❶用飯糰捏出櫻花的5片花瓣。先取適量白飯，以保鮮膜包緊捏成球狀。

❷把飯糰捏成橢圓形，再將其中一端壓出凹洞。

❸花瓣的樣子完成了。

❹重複作法 1 ～ 2 做出 5 片花瓣。

❺花瓣放入便當中，排成花朵形狀。

❻刷子沾上甜菜根湯汁，一點一點慢慢的刷在花瓣上，刷出漸層模樣。

❼準備好的配菜放入便當中。

❽加入一些造型蔬果裝飾便完成。

Tips

也可以直接將甜菜根汁拌入白飯中染色，
但這樣就沒有漸層效果了！

配菜

清炒竹筍

約5分　1人份

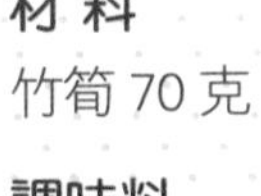

材料

竹筍 70 克

調味料

鹽 1/4 小匙

作法

1. 竹筍切片後下鍋略炒，加水及鹽燜煮至熟即成。

蘋果炒甜椒

約3分　1人份

材料

蘋果 1/4 顆
彩椒 40 克

調味料

鹽 1/4 小匙
醬油 1/2 小匙

作法

1. 彩椒切丁；蘋果切丁（可先泡入鹽水中備用，防止變黑）。
2. 熱鍋略拌炒彩椒後，下蘋果丁、加鹽跟少許醬油染色，炒勻即可。

兒童節／萬聖節糖果

造型

材料

白飯
甜菜根湯汁
起司
冰棒棍
烘焙紙

❶白飯中拌入少許甜菜根湯汁。

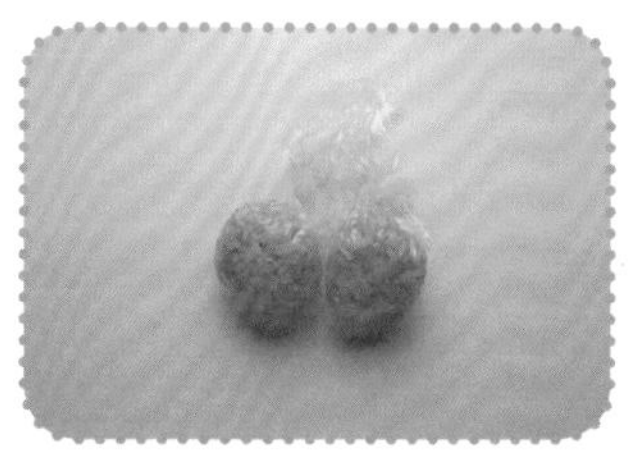

❷甜菜根飯分成兩等份，捏成圓球。

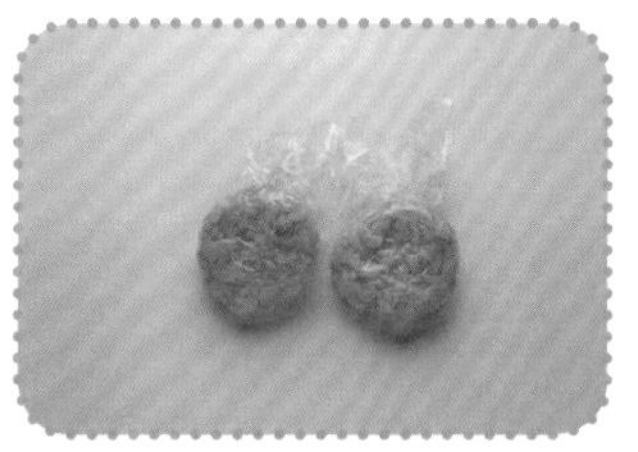

❸把甜菜根飯糰壓扁。

❹另外準備少量白飯，當夾心餅乾的內餡。

❺將作法 4 的飯糰用保鮮膜包緊，然後壓扁。

❻用作法 3 的甜菜根飯把作法 5 的白飯內餡夾起來，再用保鮮膜稍微包緊避免散掉，完成草莓餅乾。

❼接著來做棒棒糖。直接取適量白飯置於保鮮膜上。

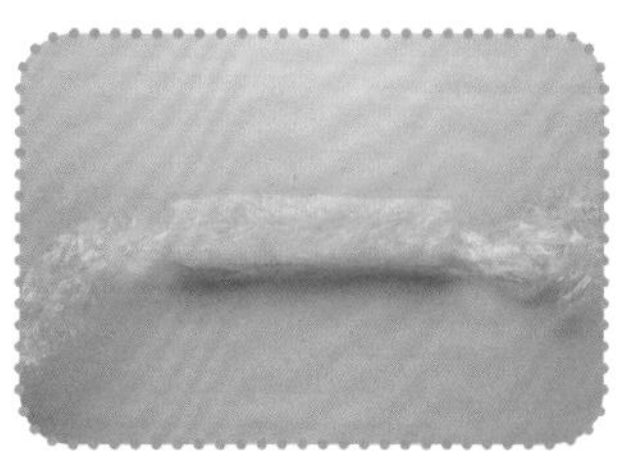

❽白飯用保鮮膜包緊，一邊壓扁一邊捏成長條形。

❾把作法 8 的長條白飯捏成與起司片差不多的長度；起司片裁成像白飯條一樣的形狀。

❿將起司片和飯條疊在一起。

⓫把作法 10 慢慢捲起來。

⓬在作法 11 下面插入冰棒棍。

⓭用烘焙紙隨意的在冰棒棍上打個結做裝飾。

⓮將作法 6 完成的草莓餅乾放入便當中。

⓯因為要露出棒棒糖的冰棒棍，所以需先裝入配菜。

⓰最後將棒棒糖放上即完成 。

Tips

若家裡沒有冰棒棍，也可以找類似物品使用，或是乾脆不加也可以。

大頭菜炒素肉絲

約3分　1人份

材料

大頭菜 30 克、黑木耳 20 克、豆枝 10 克

調味料

鹽 1/4 小匙、糖 1/4 小匙、香菇粉少許

作法

1. 大頭菜切絲後泡水數分鐘，去除鹽分；黑木耳切絲；豆枝泡軟後稍微擠乾水分備用。
2. 熱鍋炒大頭菜，下黑木耳略為拌炒。
3. 放入豆枝，若太乾就加點水，最後撒上鹽、糖、香菇粉調味。

萬聖節幽靈

HALLOWEEN
吐舌頭的小幽靈在你的便當裡飄浮～即使是小朋友不愛吃的蔬菜，只要融入在整體造型中，帶回家的便當也一定會是空的！

造型

材料

白飯
海苔
起司
紅蘿蔔
小番茄
義大利麵條
番茄醬
美乃滋

❶放涼的白飯用保鮮膜稍微包緊，捏成橢圓形，再捏出小尾巴。

❷用剪刀在海苔上剪出眼睛、嘴巴、魔女帽。

❸海苔魔女帽蓋在起司片上，用竹籤沿著帽子輪廓大略裁切，並多裁一條帽子摺痕用的起司。

❹魔女帽與起司摺痕組合起來。

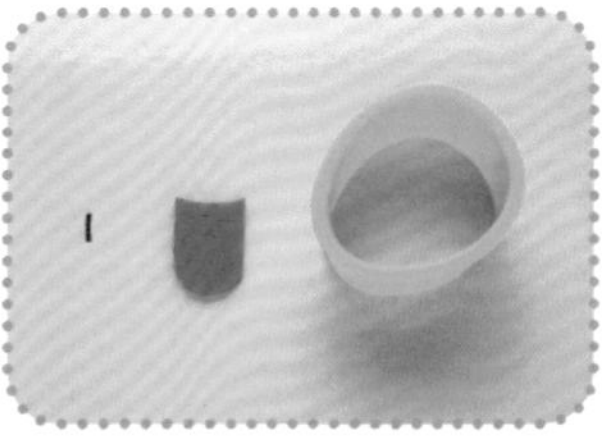

❺紅蘿蔔切片後用小工具壓成舌頭的形狀，另外再多剪出一條舌頭用的細海苔片。

❻把作法 2 的海苔五官貼於飯糰上。

❼作法 5 的舌形紅蘿蔔和海苔也沾些美乃滋貼在飯糰上。

❽把幽靈造型飯糰，擺在飯盒中試位置。

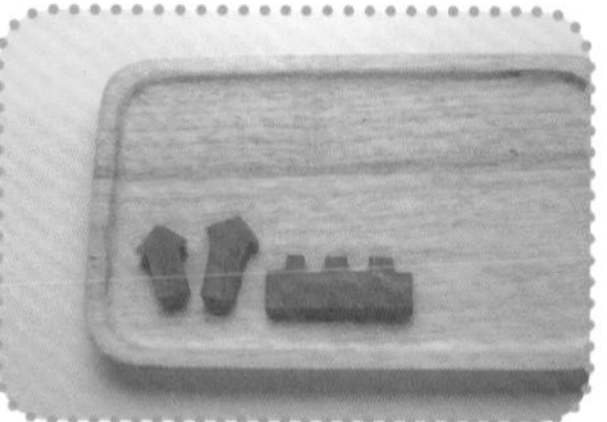

❾準備好的配菜放入便當中。

❿接著來製作背景小圖。紅蘿蔔切片後，用小刀切成如照片中的建築外形。

⓫在海苔上剪出數個小正方形當窗戶。

⓬利用小工具在起司片上壓出 Halloween 字樣。

⓭用剪刀在海苔片上剪出，足夠容納全字母長度的文字底。

⓮英文字母依序放在海苔上。

⓯在海苔上剪出三角形眼睛與南瓜嘴，沾少許美乃滋貼在橘色小番茄上面。

⓰建築物貼上海苔窗戶後放入飯盒中；作法 14 的英文字母及作法 15 的小番茄也放入飯盒中。

⓱小幽靈頭上插入乾燥或油炸過的義大利麵條，好讓魔女帽有個支撐點。

⓲作法 4 帽子放上去，點上番茄醬當腮紅完成。

Tips

也可以用吸管在紅蘿蔔片上壓出 2 片小圓片，當作幽靈的腮紅。

配菜

咖哩馬鈴薯

約5分　1人份

材 料

馬鈴薯 1/2 顆

水或高湯 50 克

調味料

咖哩粉 1 小匙

鹽 1/2 小匙

作 法

1. 馬鈴薯削皮切丁。
2. 熱鍋，放入馬鈴薯略炒，加咖哩粉拌炒均勻，再加入水或高湯煮數分鐘，最後撒鹽調味。

芝麻炒紫菜

約3分　1人份

材 料

紫菜 5 克

白芝麻 1 小匙

調味料

醬油 1 小匙

作 法

1. 紫菜用手撕或用剪刀剪碎，與醬油混合拌勻。
2. 熱鍋，倒入麻油，放白芝麻炒香，接著關火，用鍋中餘溫拌炒紫菜。

運動會啦啦隊

讓歡樂的運動會更有趣。這可是吃了能讓戰鬥力大增的聲援便當喔！紅白雙色頭巾代表競賽隊伍，你也可以把頭巾換成孩子所屬隊伍的顏色，讓便當也一起幫忙加油打氣！

材料

白飯
醬油
海苔
起司
紅蘿蔔
番茄醬

❶白飯拌入醬油混合均勻，放保鮮膜上。

❷把醬油飯對分成 2 份包上保鮮膜。

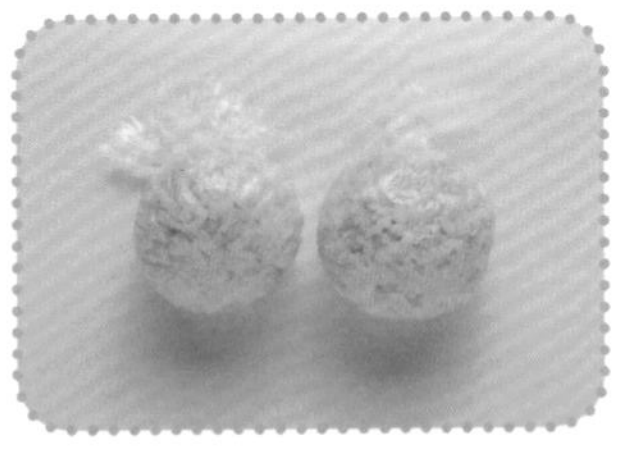

❸將 2 份醬油飯都捏成圓球。

❹在海苔上剪出人物的五官。

❺比對飯糰大小，剪下 2 片海苔當作頭髮。

❻作法 5 的 2 片海苔分別修剪成女生髮型與男生短髮。

❼海苔髮型分別包在 2 個飯糰上，包上飯糰時可剪幾個缺口，讓海苔更服貼。

❽用保鮮膜包住作法 7，使其定型。

❾拆開保鮮膜，將飯糰放入配菜杯中。

❿作法 4 的海苔五官貼在飯糰上。

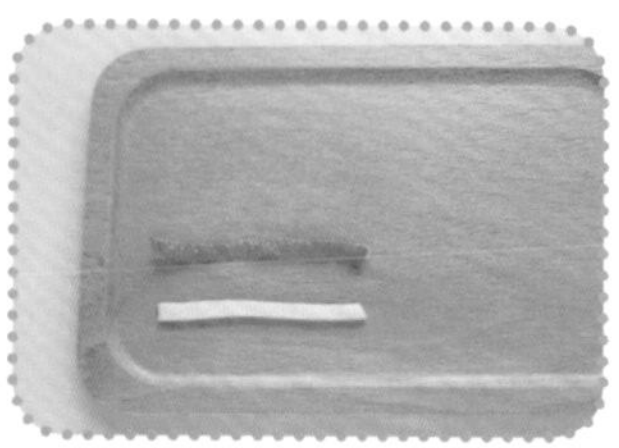

⓫紅蘿蔔切細條；在起司片上裁出一細條。

⓬將紅蘿蔔細條和起司條放在娃娃頭上，當作加油用的頭巾。

⓭造型飯糰放入便當中，調整好位置。

⓮準備好的配菜放入便當中。

⓯用蔬果填補便當空隙，最後用少許番茄醬塗在人物雙頰和嘴巴裡。

Tips

可以變換髮型或五官，多做幾個小人物組成啦啦隊，幫孩子加油！

毛豆炒筍丁

約7分　1人份

材料

毛豆 20 克
竹筍 50 克
木耳 20 克

調味料

鹽 1/2 小匙

作法

1. 木耳切丁；竹筍切丁蒸軟；毛豆放入滾水中煮軟（也可以將毛豆直接放入鍋中煮，但需更長的時間）。
2. 先炒木耳，再下筍丁與毛豆，加鹽與適量水分，小火燜煮4～5分鐘左右。

茄汁鴻禧菇

約3分　1人份

材料

鴻禧菇 40 克

調味料

番茄醬 2 小匙
鹽 1/4 小匙
糖 1/4 小匙

作法

1. 鴻禧菇去蒂頭剝小瓣；調味料調勻成茄汁醬。
2. 鴻禧菇下鍋炒香，加入茄汁醬翻炒均勻。

中秋節玉兔

中秋節的聯想就是月餅、牛郎、織女跟玉兔，要弄成造型聽起來似乎很麻煩，但只要把它做成平面圖案就變得非常簡單。利用做成剪影效果的玉兔搗糯米海苔，及起司片 2 種材料即可完成喔！

材料

白飯
海苔
起司
花椰菜
黃蘿蔔

❶取適量的白飯捏成圓球形。

❷準備一張能包住飯糰一半以上面積的海苔片。

❸用海苔片把飯糰包覆起來。

❹拆開保鮮膜，把飯糰放在配菜杯裡。

❺在烘焙紙上畫出一個大圓，剪下來疊在起司片上。

❻沿著烘焙紙的輪廓，用牙籤裁下起司圓片。

❼起司圓片蓋在作法 4 的海苔飯糰上。

❽把小兔子搗糯米的圖，畫在烘焙紙上。

❾將烘焙紙上的小兔子搗糯米圖剪下來當模板，疊在海苔片上剪出一樣的形狀。

❿夾起剪好造型的海苔片貼在作法 7 上。

⓫作法 10 的飯糰放進便當盒中。

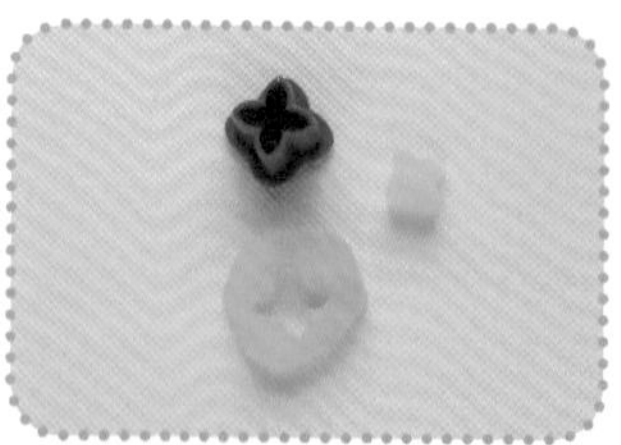

⓬將煮過的花椰菜莖切片，用壓模壓成小花。

⓭花椰菜莖小花用義大利麵條銜接，插在綠花椰菜上固定。

⓮拿出已經切好的黃蘿蔔片，用星星壓模壓出形狀。

⓯裝入配菜，放上造型蔬菜即完成。

Tips

沿著紙模輪廓在海苔上剪圖案時，若發現圖片太小不好剪，建議對照圖片，直接在海苔上剪會比較方便。

奶油煎蘿蔔

約10分　1人份

材料

白蘿蔔 2 片
奶油塊 10 克

作法

1. 白蘿蔔切成厚約 1.5 ～ 2 公分的圓片；鍋中加水燒熱，放入白蘿蔔煮至軟。
2. 熱鍋，放入奶油待其融化，加入白蘿蔔煎至微焦即可。

番茄炒高麗菜

約7分　2人份

材料

小番茄 5 顆
（大番茄約 1/2 顆）
高麗菜 170 克、薑適量

調味料

番茄醬 2 大匙
鹽 1/2 小匙
糖 1/4 小匙

作法

1. 薑切末；番茄切塊；高麗菜洗淨剝小片。
2. 熱鍋，爆香薑末後，加番茄及番茄醬一起下鍋炒。
3. 放進高麗菜，太乾就在鍋邊淋些水，略炒後燜煮 2 ～ 3 分鐘，加入鹽、糖拌炒均勻。

元宵節湯圓

元宵節吃湯圓囉，就用最常見的紅白 2 色湯
圓當代表，把米飯通通搓成圓球堆疊起來，
搭配清爽的小黃瓜湯匙，準備開動啦～！

造型

材料

白飯

甜菜根湯汁

海苔

義大利麵

美乃滋

小黃瓜

❶直接取白飯捏出 2 個小圓球。

❷甜菜根湯汁拌入白飯中，攪拌均勻染成紅色。

❸把甜菜根飯也捏成小圓球。

❹紅白飯糰都放進配菜杯裡，好方便移動位置。

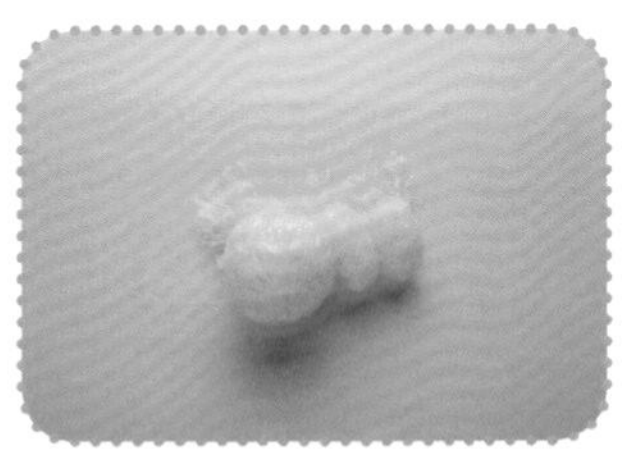

❺另外捏 1 顆圓形飯糰（頭部），2 顆橢圓飯糰（耳朵）製作兔子造型湯圓。

❻用義大利麵把橢圓飯糰（耳朵）銜接在圓形飯糰上（頭部）。

❼ 2 個耳朵都接上，完成兔子造型。

❽在海苔上剪出兔子的五官。

❾海苔五官沾少許美乃滋貼在臉部。

❿把作法 4 湯圓放進便當盒中。

⓫作法 9 的兔子飯糰放在作法 4 湯圓上面。

⓬準備好的配菜裝入便當中。

⓭小黃瓜剖半切成片後，用壓模壓出形狀。

⓮黃瓜湯匙放進便當盒中裝飾即完成。

Tips

湯圓數量依配菜杯跟便當盒大小決定，我是下層捏 4 顆，上面放 1 顆。

炒西洋芹

約3分 1人份

材料

西洋芹 50 克
薑 3～4 片
辣椒 1/2 條

調味料

鹽 1/4 小匙
香菇粉適量

作法

1. 西洋芹刨去表面粗絲，直切成兩半，再斜切成長菱形；辣椒切圈；薑切片。

2. 西洋芹用滾水汆燙約 10 秒，撈起。

3. 熱鍋爆香薑片，下芹菜略炒後加入鹽、香菇粉調味，最後放入配色用的辣椒，翻炒均勻即可。

紅蘿蔔炒豆皮

約3分 1人份

材料

紅蘿蔔 40 克
豆皮 20 克

調味料

鹽 1/4 小匙
太白粉水少許

作法

1. 紅蘿蔔切絲；豆皮用手撕小塊。
2. 熱鍋後放入紅蘿蔔及豆皮翻炒，撒鹽調味，加太白粉水勾芡即成。

端午節龍舟

來個端午節必備、超應景的龍舟便當！所有配件拆解後會發現其實不難，但因為作法比較多，所以多拍了幾張照片，跟著圖解一步步做保證不失敗，一次 OK ！

造型

材料

白飯　　黃彩椒
海苔粉　紅蘿蔔
海苔
起司

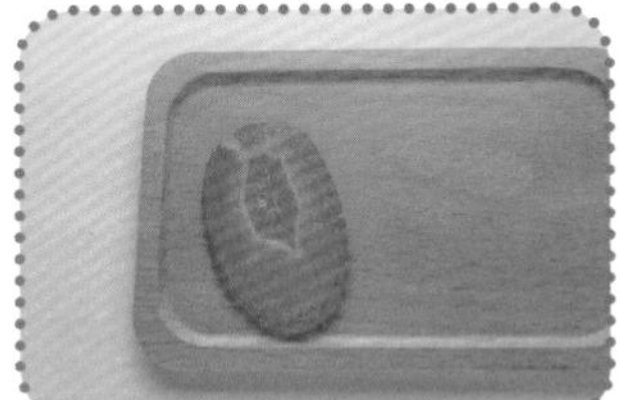

❶先把配件準備好。首先將煮過的紅蘿蔔切成斜片。

❷將紅蘿蔔片邊緣切成鋸齒狀。

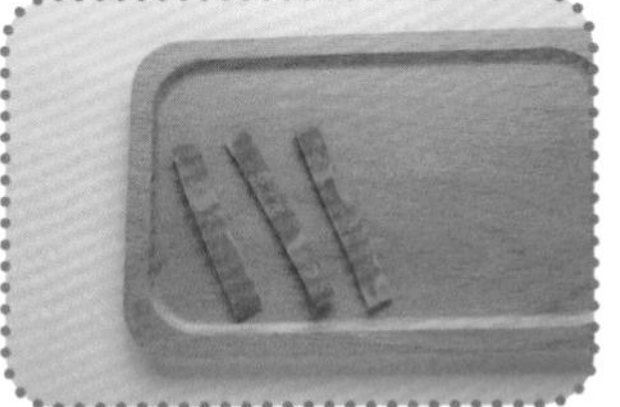

❸接下來製作龍舟划槳。先切出 3 根紅蘿蔔長片。

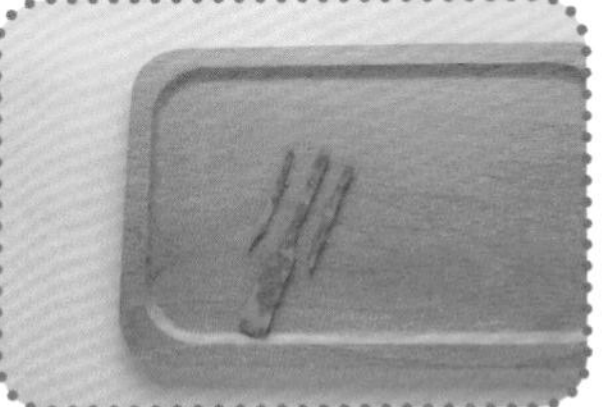

❹裁切掉紅蘿蔔長片的左右部分（如圖）。

❺重複步驟 4 做出 3 根划槳。

❻將煮熟的黃彩椒切成條狀。

❼黃椒條的其中半邊留住中間，左右裁切掉。

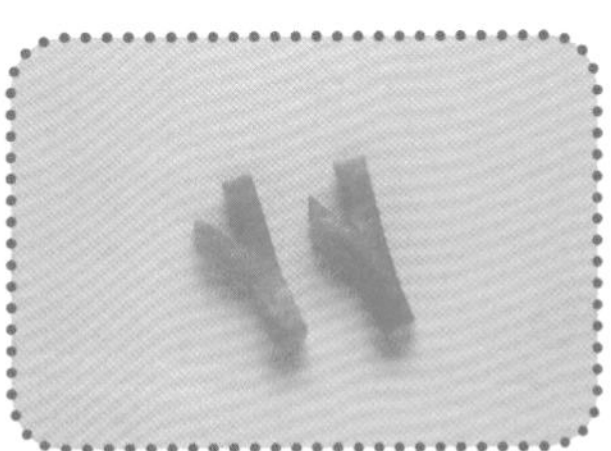

❽重複作法 7 完成 2 根龍角。

❾白飯拌入適量海苔粉染成綠色。

❿先取少量飯捏成橢圓形當頭部。

⓫拿出剩餘的海苔飯慢慢捏成長條狀。

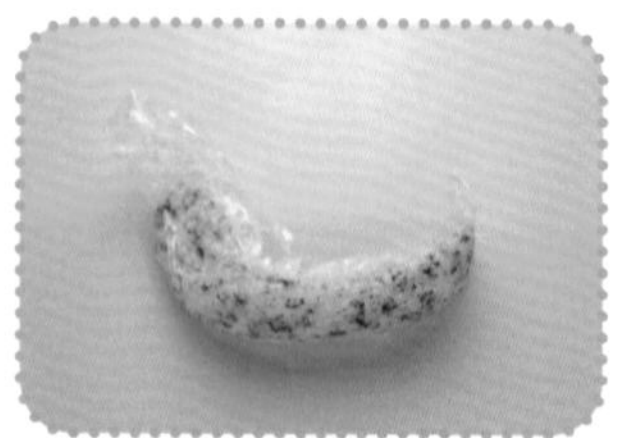

⑫把長條海苔飯的前端壓扁，尾端捏細。

⑬將作法 12 的海苔飯放入便當盒中比對大小，確認後拿掉保鮮膜裝進去。

⑭等等放紅蘿蔔的地方會有些騰空，所以先鋪入一些蔬菜。

⑮在已壓扁的頭部位置放上作法 2 的紅蘿蔔片。

⑯放上作法 8 的龍角。

⑰放上作法 10 的海苔飯糰。

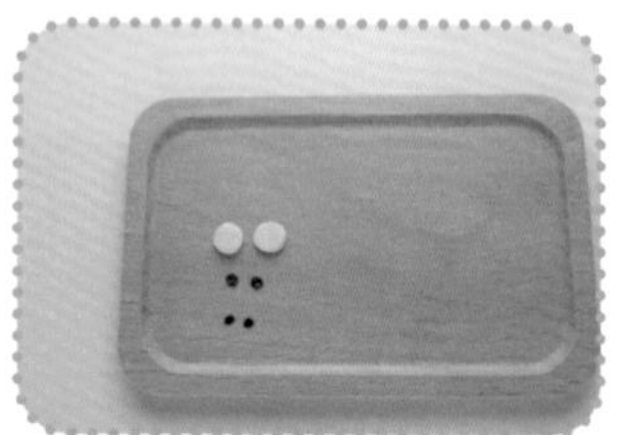

⑱在起司片上用吸管壓出圓形；在海苔上剪出眼珠跟鼻孔。

⑲把起司片貼在臉上。

⑳將眼珠貼在起司圓片上。

㉑貼上鼻孔。

㉒剪 10 條細長海苔當龍舟紋路。

㉓先在身體中間貼上 2 條海苔。

24 剩餘的細海苔全部貼上。

25 裝入配菜，放上划槳，就完成囉。

Tips

龍舟鼻孔放不同位置會有不一樣的感覺，建議先試好位置再貼上。（作法 21）

味噌烤杏鮑菇

約 10 分　1 人份

材料

香菇 1 ～ 2 朵

杏鮑菇 1 ～ 2 朵

調味料

味噌 1 大匙

糖 1 小匙

水 3 大匙

作法

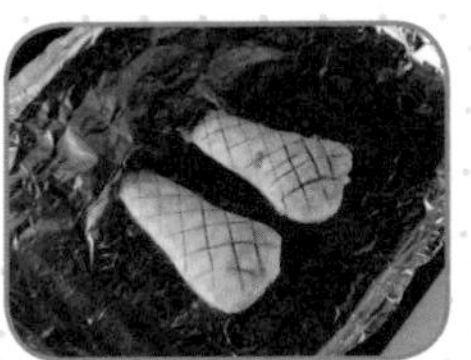

1. 將味噌、糖、水混勻成烤醬，塗在香菇及畫斜紋的杏鮑菇上。
2. 用烤箱以 200℃ 烤 10 ～ 15 分（小香菇烤 5 分鐘）。每台烤箱功率不同，時間與溫度僅供參考。

高麗菜炒豆皮

約 3 分　1 ～ 2 人份

材料

高麗菜 100 克

豆皮 1 片

調味料

鹽 1/4 小匙

作法

1. 高麗菜洗淨剝小片；豆皮切小塊，下鍋炒至微焦黃。

2. 放高麗菜一起炒，加水微燜煮後加鹽調味。

端午節粽子

端午節當然要應應景吃個粽子！
把炒飯捏成立體三角形，貼上海
苔蝴蝶結和五官就完成了健康又
營養的「粽子」！喜歡吃粽子又
怕消化不良的人，快來試試！

材料

炒飯
海苔

❶取適量炒飯用保鮮膜包起來。

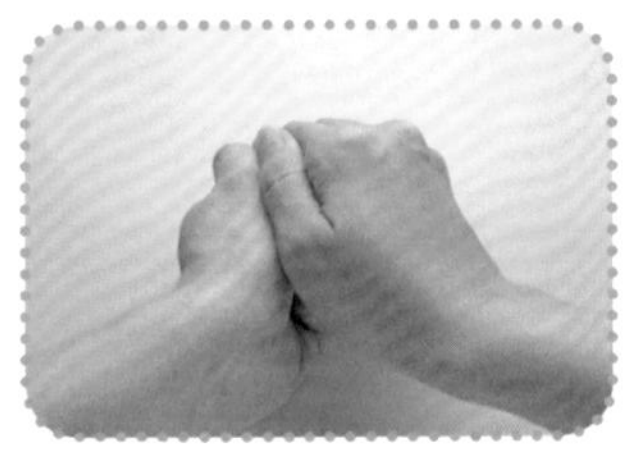

❷雙手並用，開始捏、捏、捏……。

❸把炒飯捏成金字塔的形狀。

❹飯糰從上面看，要是立體的才正確。

❺在海苔上剪出粽子的綁帶造型；蝴蝶結可用將海苔對折、中間剪洞的方式完成。

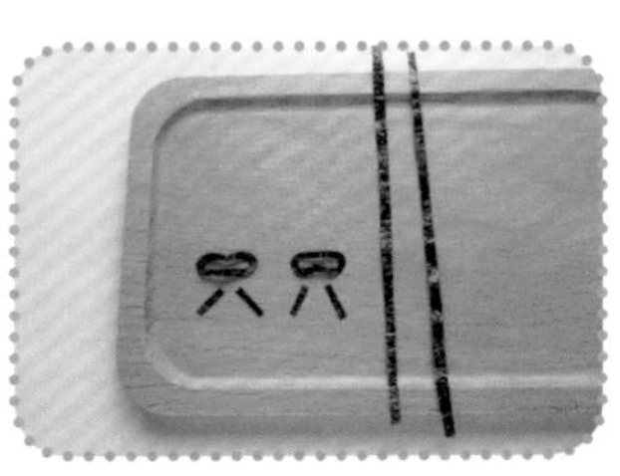

❻將綁帶配件全部備齊（如圖所示）。

❼剪出 2 組海苔五官。

❽先把綁帶斜貼在飯糰上，這樣眼睛、嘴巴比較好對位置。

❾把蝴蝶結貼在綁帶上，眼睛跟嘴巴也貼上。

❿重複作法 8 ～ 9，完成 2 顆粽子飯糰。

⓫將粽子飯糰裝入大小剛好的飯盒中，再放上裝飾就完成了！

Tips

這個便當不用另外加入配菜，只需將粽子飯糰直接放入大小適中的便當盒裡，就可直接帶走。

烤麩炒飯

約5分　1～2人份

材料

烤麩 2 塊、玉米粒 30 克、紅蘿蔔 20 克
青豆仁 20 克、白飯 2 碗

調味料

素炸醬 2 小匙、鹽少許

作法

1. 烤麩切小丁。
2. 熱鍋，放入紅蘿蔔跟青豆仁略炒，接著倒入玉米粒、烤麩、素炸醬翻炒。
3. 放入白飯炒散，撒上鹽並拌炒均勻即可。

聖誕小雪人

可愛的小雪人代替聖誕老公公陪你度過聖誕節～利用 2 顆圓飯糰就能輕鬆完成雪人造型，再插入像雪人樹枝手的炸過義大利麵條裝飾，裝入繽紛的蔬菜，熱熱鬧鬧的節慶氛圍就這樣滿溢了出來。

造型

材料
白飯
海苔
紅蘿蔔
義大利麵
番茄醬
美乃滋

❶適量白飯對分成兩等份，捏成圓球。

❷飯糰放入配菜杯中，上下疊在一起。

❸在海苔上剪出眼睛跟嘴巴。

❹海苔五官沾少許美乃滋貼在飯糰上。

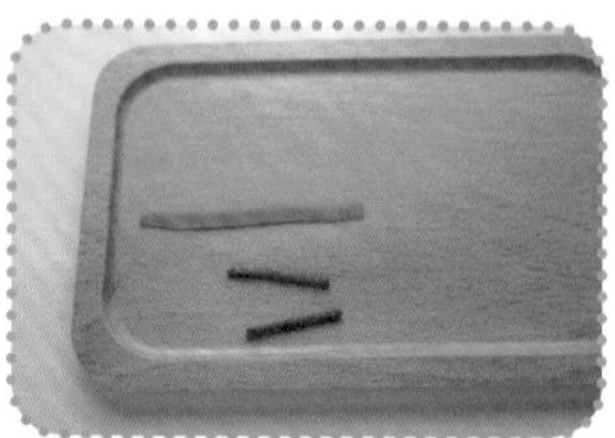
❺紅蘿蔔切薄片後切成長條狀當圍巾；炸過的義大利麵條折成 2 小段當樹枝手。

❻把麵條插在雪人的手部位置。

❼將紅蘿蔔條圍在上下 2 顆飯糰之間。

❽在雪人臉頰上沾少許番茄醬當腮紅。

❾把雪人飯糰放入便當盒內。

❿綠色花椰菜放入便當盒內當作聖誕樹裝飾。

⓫加入蘑菇醬填補剩餘的空位。

⓬利用壓模在黃蘿蔔、紅蘿蔔及起司片上壓出形狀。

⓭作法 12 的紅、黃蘿蔔片和起司片放在花椰菜上就完成囉。

配菜

蘑菇醬

約7分　1人份

材 料

蘑菇 50 克
奶油塊 10 克
中筋麵粉 2 小匙

調味料

番茄醬 1½ 大匙、鹽 1/4 小匙
巴西里適量、黑胡椒粒適量
水 120 ～ 150 克

作 法

1. 蘑菇切片；熱鍋將奶油融化，放入蘑菇片煎約 4 ～ 5 分。
2. 加入麵粉、番茄醬跟水拌勻，煮滾後撒上巴西里、鹽和黑胡椒粒調味。

聖誕老公公

「齁齁齁～ Merry Christmas ！」
為慶祝聖誕節，特地把聖誕老公
公請來囉。有蓮藕雪花片、還有
小番茄帽子，這麼繽紛的便當就
是最棒的聖誕禮物！

造型

材料

白飯　綠花椰菜
醬油　紅蘿蔔
海苔　小番茄
起司　造型叉
蓮藕片　美乃滋

❶ 蓮藕片切成雪花模樣。

❷蓮藕入油鍋中炸過，瀝油盛出。

❸白飯與少許醬油混合成皮膚色，並捏成圓球。

❹另準備適量白飯，放在保鮮膜上。

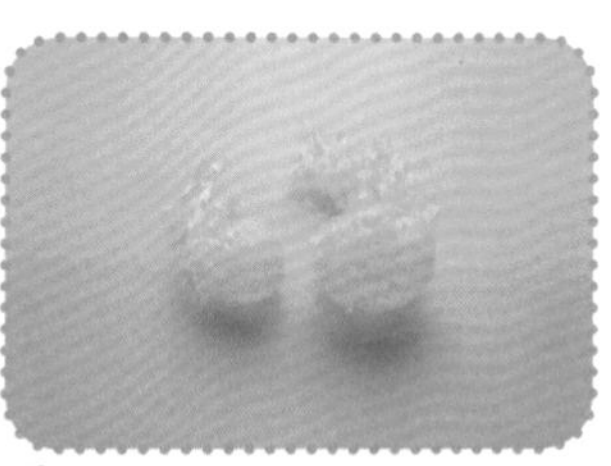

❺將白飯稍微包緊，捏成一大、一小2個圓球，用來製作頭髮跟鬍子。

❻把作法5的大飯糰（鬍子）和小飯糰（頭髮）都壓扁。

❼在份量較少的飯糰下方，壓出一個凹痕，完成頭髮。

❽頭髮在上、鬍子在下，覆蓋於作法3的飯糰上。

❾用保鮮膜包緊作法8，稍微固定住。

❿拆開保鮮膜後，把造型飯糰置於配菜杯中。

⓫在海苔上剪出眼睛和嘴巴。

⓬用吸管或模型在紅蘿蔔片上壓出一圓片當作鼻子。

⓭紅蘿蔔鼻子沾少許美乃滋，貼在臉部中央。

⓮以鼻子為中心點，在其左右及下方貼上五官。

⓯小番茄對切並挖空。

⓰用造型叉或義大利麵條，將半顆小番茄插在頭頂上當帽子。

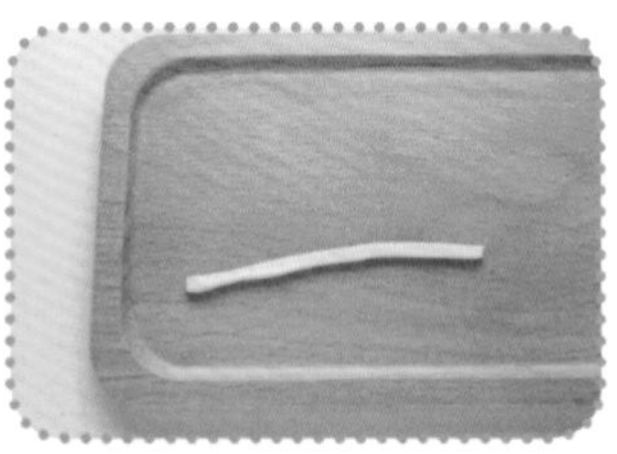

⓱起司片裁成細長條。

⓲作法 17 的起司條，圍在番茄帽子邊緣。

⓳把聖誕老公公裝進便當中。

⓴配菜和綠花椰菜放入便當中。

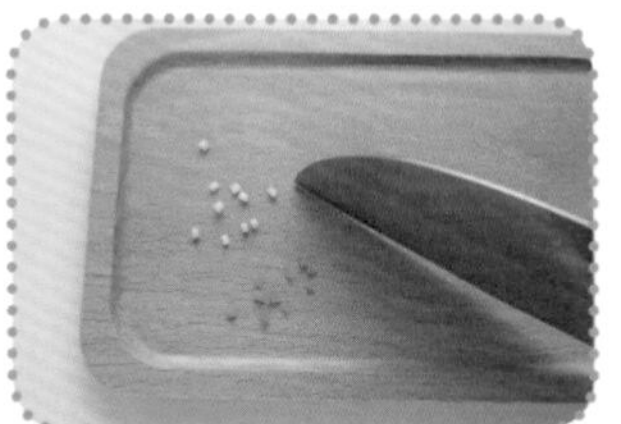

㉑起司和紅蘿蔔切碎。

㉒起司碎和紅蘿蔔碎撒在綠花椰菜上當裝飾。

㉓放上作法 2 的蓮藕片即完成。

Tips

- 若不喜歡油炸物，蓮藕片也可以不油炸，直接放入滾水中汆燙，撈出冷卻即可食用。
- 聖誕老人的鼻子也可以利用大吸管，在紅蘿蔔片上壓出。
- 飯糰的黏性不夠時，可在貼海苔五官時，沾些番茄醬或美乃滋當作黏著劑，固定配件。
- 若擔心小番茄帽子不夠穩固，可以在後方插入麵條加強。
- 作法 21 的起司和紅蘿蔔也可替換成其他食材（如小黃瓜）。

奶油炒豆芽

約5分　1人份

材料

綠豆芽菜 40 克、紅蘿蔔 20 克、奶油塊 5 克

調味料

黑胡椒粒少許

作法

1. 豆芽去頭尾；紅蘿蔔切絲；熱鍋融化奶油塊，放入紅蘿蔔絲略炒。
2. 下豆芽菜，撒黑胡椒粒翻炒。

新年財神爺

說起節慶就讓人想到一年中最快樂的「新年」，把過年的快樂氣氛帶進便當裡，讓財神爺陪你一起吃飯！其實只要每天都過得開開心心，天天都是快樂節慶！

材料

白飯
海苔
起司
紅彩椒
青豆仁
美乃滋

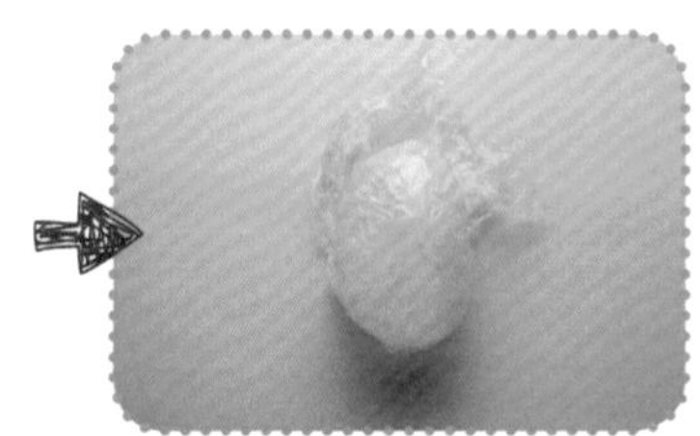

❶取適量白飯捏成橢圓形當頭部。

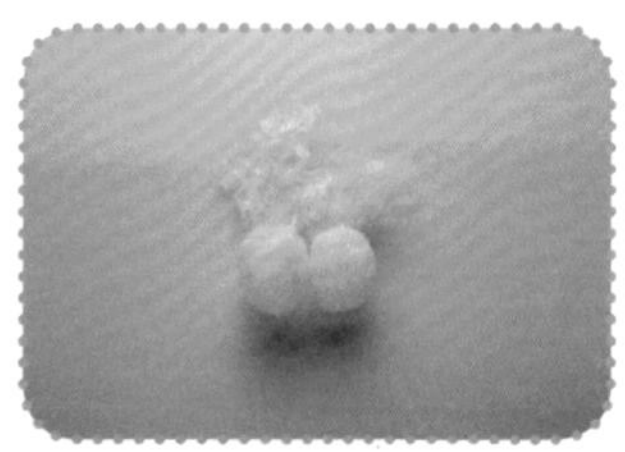

❷再取少量白飯對分成2份，捏成圓球。

❸作法2飯糰的中間壓一個凹洞捏成耳朵造型。

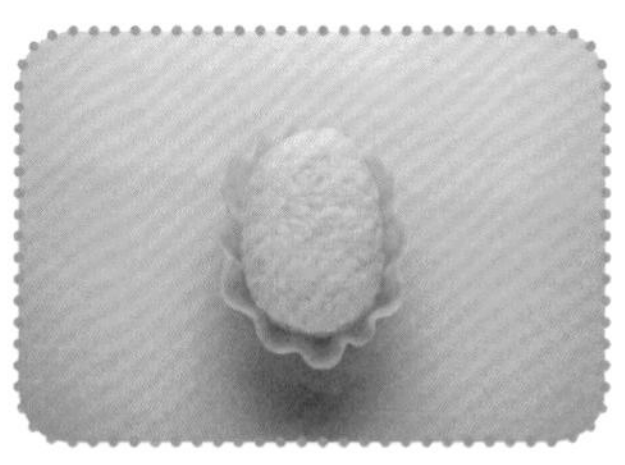

❹作法1的橢圓飯糰放入配菜杯中。

❺彩椒去皮，切一小塊出來當帽子用。

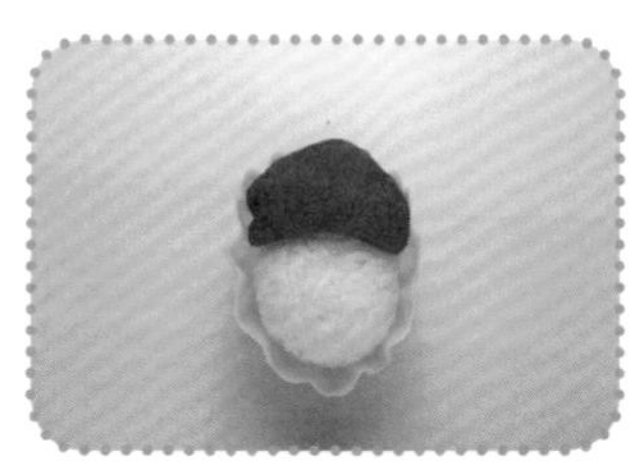

❻將紅彩椒包在財神爺頭上。

❼將起司片切成長條狀，另外再準備一粒青豆仁。

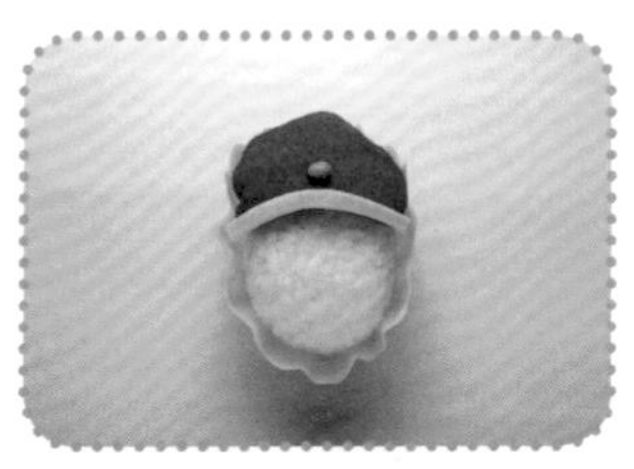

❽起司條、青豆仁沾少許美乃滋黏貼於帽子上。

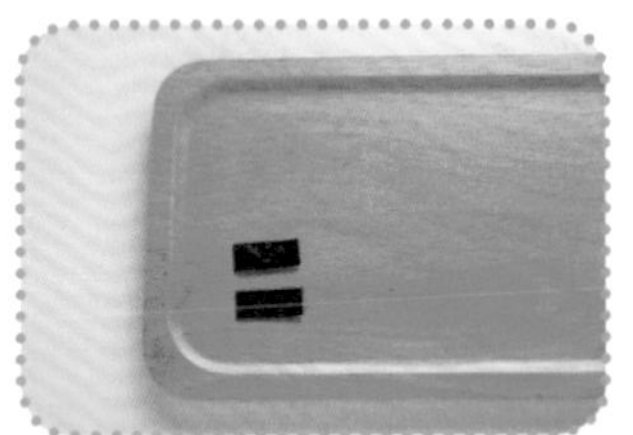

❾剪出兩小張方形海苔。

❿方形海苔疊在起司片上，用牙籤沿著輪廓留邊裁下來。

⓫把起司海苔片放在帽子兩側。

⓬作法 3 的耳朵直接放在配菜杯邊緣上。

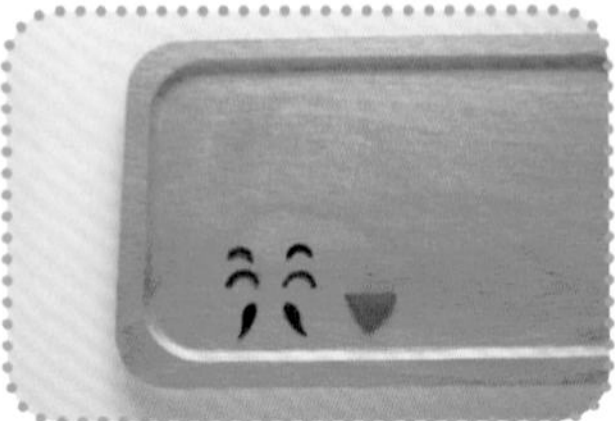

⓭在海苔上剪出眼睛、眉毛跟鬍鬚；彩椒或紅蘿蔔片切成三角形做成嘴巴。

⓮對好眉毛位置，先將眉毛貼在飯糰上，再貼上眼睛。

⓯先貼上嘴巴，再貼上鬍子。

⓰將完成的財神爺放進便當盒裡。

⓱配菜裝入便當中即可完成。

Tips

- 帽子上的青豆仁可以替換成任何綠色食材。
- 若擔心耳朵走位，也可以用乾燥義大利麵將耳朵銜接在財神爺臉部的左右側。

紅燒冬瓜

約10分　1人份

材料

冬瓜 100 克、水 60 克
薑片 3 ～ 4 片

調味料

素蠔油 1 小匙

作法

1. 冬瓜用刀削去外皮，切塊。
2. 熱鍋，薑片爆香，冬瓜入鍋，加素蠔油炒出香味。
3. 加水，以小火燜煮 8 ～ 10 分鐘。

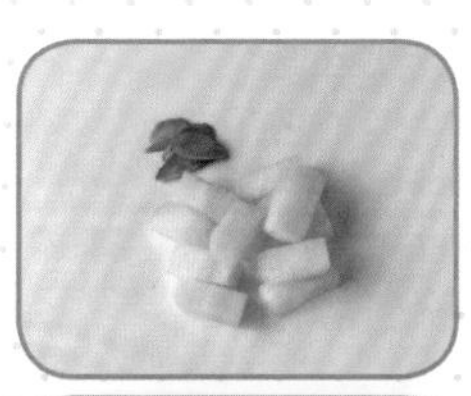

菜莖炒紅蘿蔔

約3分　1人份

材料

花椰菜莖 30 克
紅蘿蔔 20 克

調味料

鹽適量

作法

1. 花椰菜莖去除外皮、切斜片；紅蘿蔔切斜片。
2. 花椰菜莖、紅蘿蔔片放入鍋中炒軟，撒上鹽調味。

Part 5.

有故事的簡餐！

超人氣兒童餐

愛泡澡的貓咪舒適的享受溫泉；

童話世界裡的河童探出頭來看世界；

白海豚悠哉的徜徉在餐盤裡⋯⋯，

看似簡單的造型，

訴說著一段可愛的故事。

發揮創意，組合出一段吸引人的小故事吧！

兔子餐包

一起享用健康滿點的早午餐！不但有麵包主食、生菜沙拉、濃湯，還有可愛的兔兔陪你共度歡樂的一餐，保證吃完元氣滿滿。

材料

免揉麵包麵團
海苔
美乃滋
番茄醬

❶手沾麵粉後，取適量麵團捏出 1 顆大圓、2 顆小橢圓。

❷沾少許水銜接頭部與耳朵；烤箱預熱後以 180℃烤 25 分鐘。

❸在海苔上剪出兔子五官。

❹海苔五官沾少許美乃滋貼在麵包上；點上番茄醬腮紅。

Tips

- 每台烤箱功率不同，時間與溫度僅供參考。
- 免揉麵包的製作請參考 P.21。

配菜

生菜沙拉

約5分　1人份

材料

蘿蔓生菜 40 克
綠花椰菜 30 克
紫色高麗菜適量
蘋果 1/4 顆
玉米筍 2 支

美乃滋沙拉醬

美乃滋 20 克
番茄醬 1/2 小匙
砂糖 1/2 小匙
開水 1 小匙

作法

1. 蘿蔓生菜切小段；蘋果去籽後切丁；紫色高麗菜切細絲配色；玉米筍切小段；花椰菜分小朵；玉米筍和花椰菜用滾水汆燙備用。

2. 以上食材倒入容器中，淋上拌勻的美乃滋沙拉醬。

馬鈴薯濃湯

約10分　1～2人份

材料

馬鈴薯 1/2 顆
牛奶或鮮奶油 100 克

調味料

鹽 1/4 小匙
黑胡椒粒少許
洋香菜葉少許

作法

1. 馬鈴薯去皮切丁，用滾水煮軟，取部分煮軟的馬鈴薯，壓成泥後放回鍋中，鍋中水量須蓋過馬鈴薯。

2. 加入牛奶以小火慢煮（用鮮奶油會較濃稠），煮滾後加調味料拌勻，基本的馬鈴薯濃湯就完成了。可依個人喜好由此延伸，做出其他口味。

淘氣吉娃娃

用刷上醬油的方式進行飯糰染色，既快速又方便，鮮明的色彩加上立體輪廓真的相當可愛，喜歡狗狗的朋友一定要挑戰一次！

材料

白飯
海苔
醬油
義大利麵
美乃滋

❶白飯稍微放涼後，用保鮮膜包緊，分別捏出如圖的形狀。

❷鼻子飯糰捏扁後與頭部飯糰結合，再包上保鮮膜一起包緊固定。

❸作法 2 拆開保鮮膜放進碗中，雙手放下方，再用義大利麵在頭頂上銜接上耳朵。

❹刷子沾適量醬油，如圖片所示在耳朵及臉部染色。

❺在海苔上剪出眼睛跟鼻子。

❻海苔五官沾上少許美乃滋後，貼在飯糰上。

❼裝進配菜完成。

Tips

用刷子上色時，不要一下子沾太多醬油，以免顏色過深或飯糰過鹹。

味噌湯泡飯

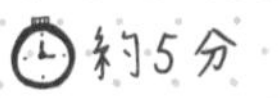

材料

嫩豆腐 1/2 盒、海帶芽 5 克、水或高湯 450 克

調味料

無鹽味噌 2 大匙、醬油 1 小匙、糖 1 小匙
（若買的味噌有鹽，就不需加鹽或醬油了）

作法

1. 豆腐切丁；鍋中加水或高湯先煮滾，放入豆腐後再煮滾。
2. 拌入調味料。
3. 煮滾後放進海帶芽，拌開即可。

白無尾熊燴飯

這次亮相的是白色無尾熊！直接用香噴噴白飯捏造型，省下染飯的時間，搭配營養又好吃的南瓜燴汁，再放上蔬果點綴讓整份料理變得更繽紛。

材料
白飯
海苔
美乃滋

❶用白飯捏出1個圓球與2個小半圓（耳朵）。

❷在海苔上剪出眼睛、嘴巴，還有大大的鼻子。

❸組合好耳朵後，將鼻子海苔沾些美乃滋，貼在飯糰的中間。

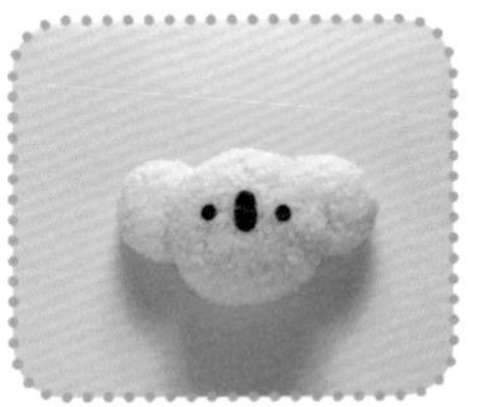

❹海苔眼睛，貼在鼻子左右側。

❺在鼻子正下方貼上嘴巴。

❻將白無尾熊置於盤中，倒入煮好的南瓜燴汁，用鮮豔的蔬菜裝飾即可。

Tips

也可將白飯用芝麻粉染成一般無尾熊的灰色，再開始製作。

材料

南瓜 100 克、大香菇 2 朵、牛奶 100 克

調味料

鹽 1/2 小匙、香菇粉少許

作法

1. 香菇撕小塊（若使用的是乾燥香菇，須事先用水泡軟）；南瓜去籽，連皮切丁後蒸熟，蒸熟的南瓜留 1/3 備用，另外的 2/3 與牛奶一起用果汁機攪打成汁。
2. 熱鍋，炒香香菇後加水煮一下，將攪打好的南瓜泥、備用南瓜塊一同放進鍋中，以小火邊煮邊攪拌，等燴汁煮滾，加入調味料拌勻即完成。

義大利醬小喵

躺著的貓咪造型飯糰很適合搭配燴汁，整個造型就像貓咪在泡湯的模樣，是不是很可愛？你也可以搭配簡餐式的配菜、讓貓咪露出全身，花些心思做些小變化，處處都是驚喜喔！

材料

白飯
海苔
美乃滋

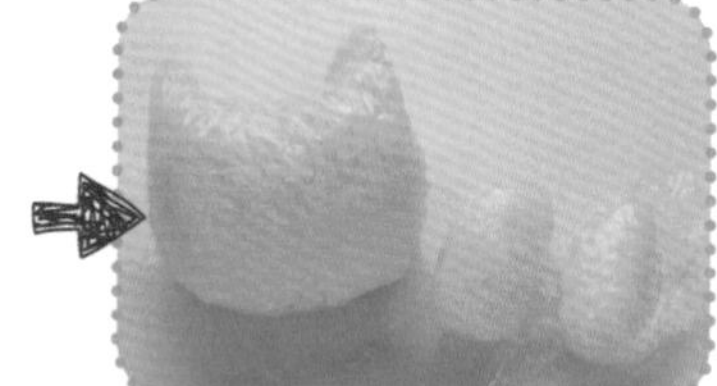

❶將白飯包上保鮮膜，先捏成圓球再從中間壓凹洞，捏出耳朵當頭部；捏出 2 顆小橢圓當手部。

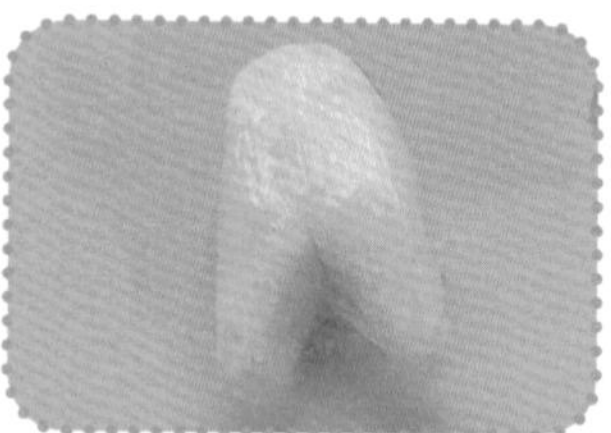

❷身體先捏出大橢圓形，再用刀將下方切開，慢慢捏出腳的形狀。

❸海苔對折，剪出2個眼睛；嘴巴的空洞利用對折的方式剪出。

❹把作法1跟2的身體配件放入碗中組合，海苔五官沾少許美乃滋，貼在貓咪臉部上。

❺蓋上煮好的茄汁蔬菜義大利醬，加上蔬菜裝飾，完成。

Tips 步驟4的手部平放或比成萬歲的姿勢都可以。

茄汁蔬菜義大利醬

約5分　1～2人份

材料

杏鮑菇1支、蘑菇3朵、青椒30克
水2大匙、大番茄1/2顆

調味料

番茄糊3大匙、鹽適量、番茄醬2大匙

作法

1. 杏鮑菇、蘑菇切片；青椒切圈；番茄切小丁。
2. 杏鮑菇、蘑菇下鍋乾炒，接著加入青椒、番茄、鹽。
3. 加番茄糊拌炒（若想將這道菜煮成義大利麵，可在此時加入麵條），接著將番茄醬跟水加入拌勻即可。

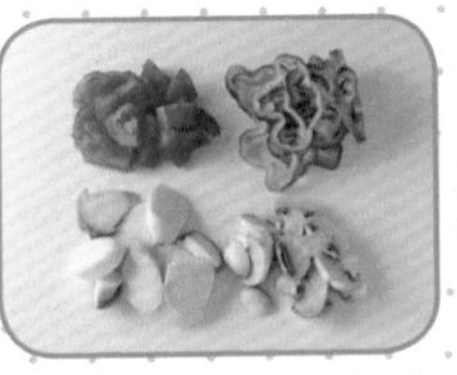

粉紅小豬菇排飯

用甜菜根湯汁染出來的粉紅小豬飯糰，自己看了都好喜歡，搭配的香菇排放哪呢？想了好久……最後決定放頭上。你也可以搭配其他配菜，露出小豬的整顆頭，看起來也很可愛。

材料

白飯
甜菜根湯汁
海苔
起司
美乃滋

❶白飯與甜菜根湯汁混合，染成粉紅色。

❷用保鮮膜將甜菜根飯包起，捏成圓球。

❸海苔對折剪出圓眼睛；起司片用牙籤裁成 2 片三角形、1 片大圓形，中間再用小吸管壓出 2 個洞當鼻孔。

❹粉紅米飯置於碗中央。

❺作法 3 的配件沾些美乃滋，貼在米飯上。

❻碗中裝入蔬菜。

❼最後在小豬上放上 2 片香菇排就完成。

配菜

香菇排

約7分　1人份

材料

大香菇 3 朵、水 1 大匙
地瓜粉 1½ 大匙、白芝麻適量

調味料

素蠔油 1 大匙

作法

1. 乾香菇泡軟後切碎，加入地瓜粉（可用太白粉代替）、水，拌勻；素蠔油加適量水調成醬汁。
2. 準備海苔片，抹上少許地瓜粉，將作法 1 厚厚的鋪上。
3. 熱油鍋，放入香菇排煎雙面，煎至表面微焦後淋上醬汁，盡量讓香菇排都能吸收到醬汁，續煎至收汁，撒上白芝麻裝飾。

乳牛咖哩飯

今天煮咖哩。這次馬鈴薯與紅蘿蔔也來湊熱鬧！煮好的蔬菜用模型壓出形狀，輕放在淺淺的咖哩湯汁中，再放顆乳牛造型飯糰，振奮精神的一餐完成！

材料

白飯

海苔

起司

義大利麵條

❶白飯捏出一大、兩小球，將大飯糰頭頂稍微捏鈍一點，耳朵的小飯糰尖端捏尖。

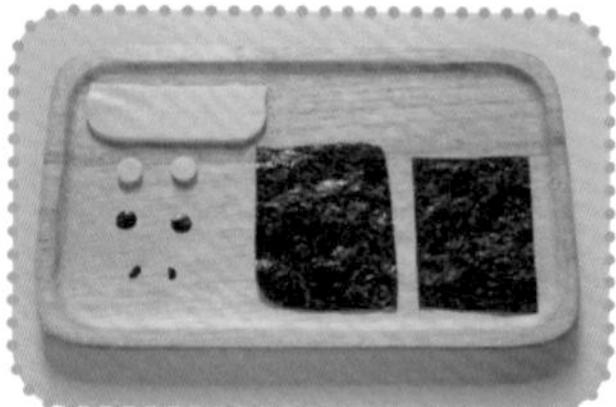

❷準備兩大片海苔，一片用在臉部、一片用來包覆耳朵；另外用剪刀與吸管，在起司片與海苔片上裁出鼻子與眼睛的配件。

❸其中一個耳朵飯糰包覆海苔片；臉部單邊也包上海苔；海苔眼睛與圓形起司組合，貼於飯糰上；大片起司貼在飯糰下方後，再貼上海苔鼻孔。

❹耳朵用乾燥或炸過的義大利麵條銜接上。

❺造型飯糰置於盤中央，再將煮好的咖哩醬汁倒進去，最後擺上造型蔬菜裝飾即完成。

配菜

咖哩醬

約10分　1人份

材料

馬鈴薯 20 克、紅蘿蔔 15 克、青豆仁 15 克
沙拉油 1 小匙、低筋麵粉 1 小匙

調味料

咖哩粉 20 克、鹽 1/4 小匙、水或高湯 200 克

作法

1. 準備青豆仁；紅蘿蔔跟馬鈴薯用壓模壓出可愛造型；以上食材皆用滾水煮軟備用。
2. 熱油，加入麵粉炒勻，再加咖哩粉炒出香氣（利用熱油與麵粉增加濃稠感）。
3. 接著加入鹽、水或高湯，這時可先熄火，待攪拌均勻後再開火。
4. 將煮好的咖哩裝盤，擺上作法 1 的食材當裝飾即成。（亦可將作法 1 食材加入作法 3 中一起煮好再裝盤）。

小白狗燴飯

小動物最容易擄獲人心，用白飯做出簡單狗狗造型，搭配現煮好的料理，創意與美味兼具。

材料

白飯
海苔
美乃滋

❶白飯稍微包緊，先捏成圓潤的方形，再將其中一邊慢慢拉出 2 個小耳朵。

❷如照片所示，在海苔上剪出耳朵、眼睛、鼻子及嘴巴的 2 個配件。

❸作法 1 的白飯糰放在餐盤正中央；作法 2 的海苔配件沾些美乃滋，固定於飯糰上。

❹將煮好的燴汁淋在飯糰周圍即成。

鮮菇燴飯

約 10 分　1～2 人份

材料

大香菇 2 朵、玉米筍 2 條、紅蘿蔔 20 克
高麗菜 40 克、金針菇 20 克、乾麵筋 10 克

調味料

水或高湯 200、素蠔油 1 大匙
醬油 1½ 小匙、香菇粉少許、香油少許
太白粉水（粉：水＝ 1：3）

作法

1. 乾麵筋泡軟；乾香菇泡軟切絲；紅蘿蔔切絲；玉米筍切段；高麗菜剝小片。
2. 先將香菇炒香後撈起備用；同鍋炒玉米筍、紅蘿蔔及高麗菜，太乾就加 1 ～ 2 大匙的水。
3. 香菇加回來，再放入金針菇、乾麵筋，加素蠔油、醬油、香菇粉、水或高湯煮一下，最後加太白粉水勾芡，淋上香油即成。

歡樂河童餐

這一次河童不是出現在日本神話中，而是跑到餐盤裡偷吃你的食物啦～把綠色蔬菜切成小三角形，放在他頭頂周圍給他吃吧。

材料

白飯　　番茄醬
海苔　　美乃滋
起司
青椒

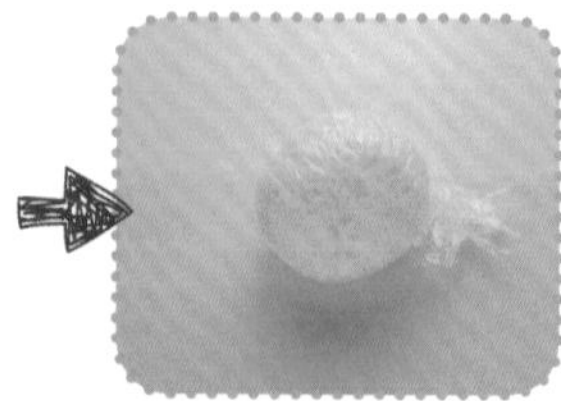

❶保鮮膜包住適量白飯，捏成球狀。

❷海苔對折，剪出河童五官；起司片上裁出嘴巴寬度的橢圓形。

❸青椒先切成塊，再切成數個三角形當頭髮。

❹將飯糰放入盤中。

❺2個鼻孔對準飯糰中心位置黏貼，再將其他配件貼上；青椒沾少許美乃滋，繞頭頂一圈黏貼，臉頰點上番茄醬當腮紅。

❻煮好的配菜裝進餐盤中，完成。

配菜

麵筋燒紫茄燴飯

約5分　1人份

材料

麵筋10克、茄子30克、鮑魚菇30克
辣椒1條、九層塔適量、太白粉水少許

調味料

蠔油1大匙、醬油1小匙、鹽1/4小匙
水100克、香油少許

作法

1. 鮑魚菇用手撕成條狀；辣椒切段；茄子切滾刀；水滾後加點鹽汆燙茄子，撈起備用。
2. 熱鍋，將鮑魚菇炒過後加水煮滾。
3. 放入麵筋、茄子、除香油外的調味料翻炒，最後加九層塔、辣椒、太白粉水，起鍋前淋香油即完成。

企鵝番茄豆腐湯

一起動手讓小企鵝出現在你家～
在海苔中間剪掉一個「凹」字形，
就能讓企鵝一體成形，最後再放上
玉米粒或其他方便取用的食材當
嘴巴，超可愛的小企鵝就現身嘍。

材料

白飯
海苔
玉米粒
番茄醬
美乃滋

❶取適量白飯放涼，置於保鮮膜上。

❷白飯用保鮮膜包住，捏成圓球。

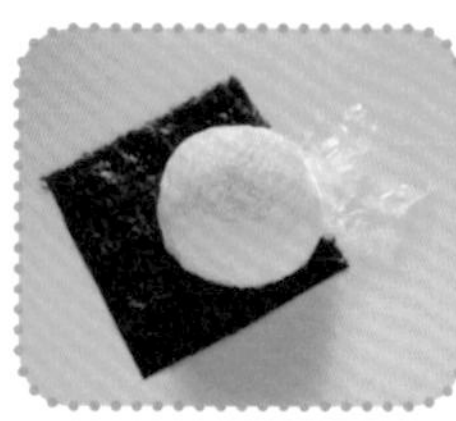

❸準備能夠包住半面飯糰的海苔片。

❹海苔對折，中間剪出類似心型的缺口當企鵝臉蛋。

❺用作法 3 的海苔包覆住飯糰，再用保鮮膜包緊固定。

❻在海苔上剪出眼睛；準備 2 顆玉米粒當作嘴巴。

❼海苔眼睛及玉米粒嘴巴沾少許美乃滋貼在企鵝臉上，最後在臉頰點上番茄醬腮紅。

番茄油豆腐湯

約5分　1人份

材料

小番茄 80 克、油豆腐 4 ～ 5 塊
青江菜 1 株、水 400 克

調味料

鹽 1/2 小匙、香菇粉少許

作法

1. 小番茄對切（也可以使用大番茄代替，但須切成丁）；青江菜切段。
2. 起油鍋，先放入番茄略炒，再下油豆腐、倒入水煮開。
3. 撒鹽與香菇粉調味，試好味道後放入青江菜煮 1 ～ 2 分鐘即可。

河馬風味餐

你對河馬的印象是……黑黑的外型、大大的嘴巴嗎？今天就要顛覆你對河馬的印象，做個可愛的Q版河馬！

材料

白飯　　黑芝麻粉
海苔　　義大利麵
美乃滋
番茄醬或紅蘿蔔

❶黑芝麻粉倒入白飯中，邊攪拌邊調整顏色深淺。

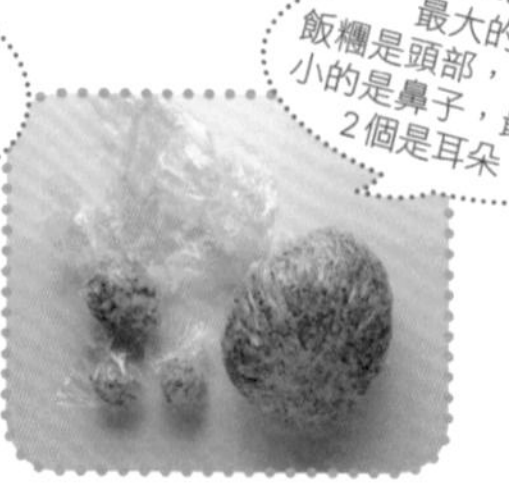

❷用保鮮膜包住芝麻飯，捏出河馬的配件。

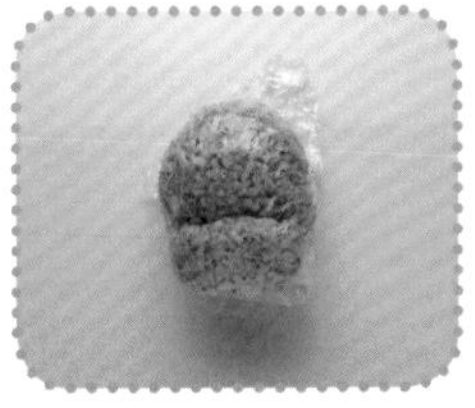

❸鼻子飯糰壓扁。放在頭部飯糰下方，用保鮮膜包緊讓它稍微定型，避免一下就散開。

❹利用義大利麵條，將耳朵銜接在頭頂處。

❺在海苔上剪出眼睛、鼻孔跟嘴巴。

❻海苔五官沾少許美乃滋，固定在飯糰上。

❼點上少許番茄醬，或壓出 2 個紅蘿蔔圓片當腮紅。

❽在眼睛的地方沾一些白飯，讓表情更生動。

Tips

不一定要利用黑芝麻粉做出膚色，也可以試著用其他顏色的米飯捏河馬。

炒烤麩

約3分　1～2人份

材料

烤麩 2 塊、紅蘿蔔 30 克、竹筍 60 克

調味料

素蠔油、鹽各適量

作法

1. 竹筍切滾刀；紅蘿蔔切長條；烤麩一塊塊切開，再切成粗條後，用熱油炸約 2 分鐘撈起備用。
2. 熱鍋，先下紅蘿蔔炒，再加入竹筍跟烤麩拌炒。
3. 沿著鍋邊嗆入素蠔油，加適量鹽與水燜煮一下。

猩猩披薩

很多圖案只要有兩種顏色的食材就可以完成，這款猩猩造型就是如此。在開始動手前先找出喜歡的猩猩圖案，照著圖案創作出一隻最酷炫的黑猩猩吧！

材料

海苔
起司
番茄醬
紅蘿蔔
黃彩椒
青豆仁
美乃滋

剪出的頭型要能容納臉部及耳朵。

❶在海苔上剪出猩猩五官及頭型；用牙籤在起司片上裁出臉部及 2 片耳朵。

❷起司臉放海苔頭型中間；耳朵沾些美乃滋，貼在起司臉左右；貼上五官再點上番茄醬。

❸紅蘿蔔、黃彩椒用壓模工具壓出造型；備好青豆。

❹青豆、作法 2 完成的大猩猩、作法 3 的造型蔬菜，放在焗烤吐司上。

Tips

若擔心五官剪失敗，可以找一張喜歡的圖片看著剪，或是先把圖案畫在烘焙紙上，再將烘焙紙剪下來當樣板，疊在海苔片上剪出形狀。

吐司披薩

約 15 分　2 人份

材料

吐司 2 片、乳酪絲適量、大番茄 1/2 顆
青椒 20 克、蘑菇 2 朵、玉米粒 30 克

調味料

番茄醬或義大利麵醬適量

作法

1. 番茄底部劃十字刀痕、滾水汆燙後泡冷水去皮；蘑菇切片（若沒有立刻使用，可先泡鹽水防止切口變黑）；青椒切菱形片。
2. 吐司切去邊（也可不去）；將番茄醬或義大利麵醬塗抹在厚片吐司上，放上食材、鋪上乳酪絲（依個人喜好決定用量）。
3. 作法 2 放進已預熱好的烤箱，以 180℃烤 15 分鐘（每台烤箱功率不同，時間溫度僅供參考）。

素肉燥頭娃娃

完成後連自己都忍不住直呼「好可愛」～！直接用素肉燥當頭髮的造型料理，餐盤一端出就非常搶戲，不僅餵飽了你的眼睛，也餵飽了你的胃！

造型

材料

白飯
海苔
番茄醬
紅蘿蔔
素肉燥

❶以保鮮膜包住白飯，捏出頭部造型，再慢慢壓扁調整形狀；瀏海部分做成鋸齒狀。

❷取少量白飯並將其對分，捏成圓球後壓扁完成耳朵。

❸在海苔上剪出眼睛、眉以及嘴巴。

❹把作法 1、2 放入餐盤，耳朵貼在臉部左右兩側。

❺將作法 3 的海苔五官貼在飯上。

❻素肉燥放在頭頂；兩頰點上番茄醬腮紅；耳垂加上造型紅蘿蔔當耳環即成。

Tips

- 除了素肉燥外，只要是外型相似的食物如素肉鬆、弄碎的麻婆豆腐等食材，都可以完成這個造型喲。
- 貼海苔五官時，可先把嘴巴貼在臉部中間偏下面的位置，以方便抓出眼睛和眉毛的位置。

配菜

素肉燥

約 15 分　3～4 人份

材料

豆輪 20 克、大香菇 4 朵、醬瓜 25 克、水 150 克

調味料

醬油 2 大匙、素蠔油 1 小匙
白胡椒粉適量、五香粉 1/4 小匙

作法

1. 豆輪用水泡軟後切碎；香菇去蒂頭切碎；醬瓜切碎（醃過的醬瓜已經有鹹，需泡水數分鐘後再料理）。
2. 熱鍋，先慢慢炒香香菇，再放入豆輪一起翻炒。
3. 加醬油、素蠔油、白胡椒粉炒勻。
4. 倒入水或高湯煮滾，放醬瓜、撒五香粉以小火煮約 10 分鐘。

狗狗焗烤鮮蔬

用起司片完成的造型可放在各種餐點上，非常方便。只要利用海苔做出五官配件、起司片當基底營造立體感，就可以變化出杯子、蘋果等多采多姿的造型。試著用起司和海苔，完成專屬於你的造型圖案吧！

造型

材料

起司
海苔
番茄醬
紅蘿蔔
青豆仁

❶烘焙紙上剪下的耳朵形紙模疊在對折的海苔上，沿著輪廓一次剪下 2 片耳朵。

❷海苔耳朵疊在起司片上，用竹籤或牙線棒尾端留邊裁切下來。

❸ 2 個耳朵從起司片上小心取出。

❹在海苔上剪下眼睛、鼻子、嘴巴；在起司上裁一片狗狗的頭部出來；備齊所有配件。

❺紅蘿蔔切薄片，用花朵壓模做出造型，中間用吸管壓一個洞，把青豆仁放在洞口上。

❻先把一片耳朵放在中間偏右的位置，再疊上貼好五官的頭部；放上另一片耳朵；沾少許番茄醬當腮紅；把作法 5 的裝飾蔬菜放在焗烤料理上就完成了。

焗烤鮮蔬

約 20 分　1 人份

材料

玉米 20 克、茄子 20 克、蘆筍 5 支、小番茄 5 顆

起司絲適量

調味料

基本白醬適量（作法可參考 P.20）

作法

1. 茄子洗淨切厚片；蘆筍洗淨切小段；番茄洗淨切半（可以替換成任何自己喜歡的蔬菜）。
2. 茄子、蘆筍、番茄、玉米放入碗中，拌入白醬。
3. 鋪上厚厚一層起司絲，送進烤箱以 180℃ 烤約 20 分，過程中看一下是否變色（每台烤箱功率不同，時間跟溫度僅供參考）。

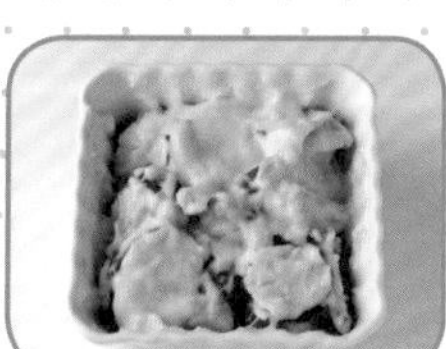

小雞麻婆豆腐

煮了一鍋據說是印尼人常吃的薑黃飯，黃澄澄的飯用來做小雞造型剛剛好，吃在嘴裡有股淡淡的香氣，不但美味還很適合做各種黃色造型飯糰。

材料

薑黃飯
紅蘿蔔
海苔
美乃滋

❶薑黃飯用保鮮膜包起來，先捏成圓球，再將其中一端捏出小尾巴。

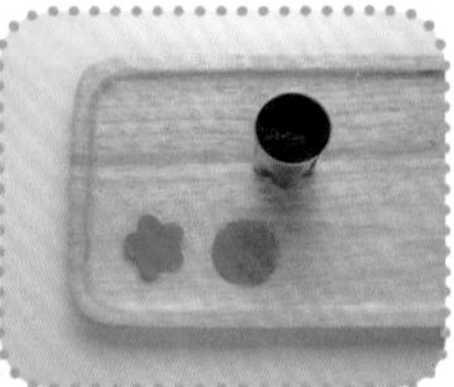

❷紅蘿蔔切薄片，用壓模工具壓出一片花朵造型、一片圓形。

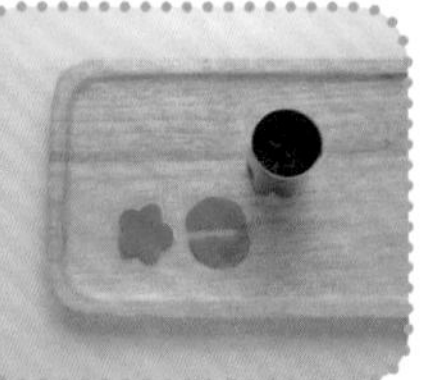

❸將紅蘿蔔圓片對切。

❹在海苔上剪出圓片。（可將海苔對折再剪，一次剪出2圓片）。

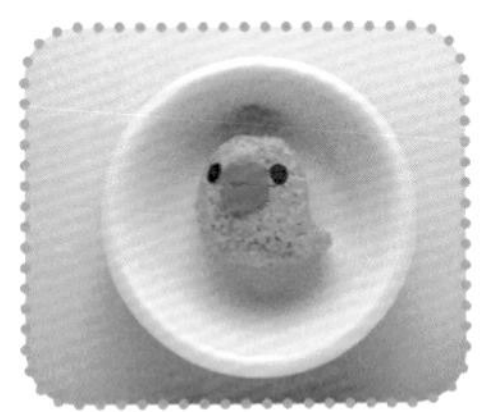

❺花朵蘿蔔片插在頭頂當雞冠，半圓片沾些美乃滋貼在飯糰中間當嘴巴，嘴巴左右貼上海苔片當眼睛。

❻麻婆豆腐裝在小雞周圍即完成。

麻婆豆腐

約5分　1人份

材料

嫩豆腐或板豆腐 1 盒、豆輪 2 塊
青豆仁 20 克、水或高湯 200 克（約一碗）
花椒粒 1 大匙、薑 5 ～ 6 片、太白粉水少許

調味料

豆瓣醬 1 大匙、醬油 1 小匙、糖少許、香油少許

作法

1. 豆腐切丁，用熱鹽水燙 2 ～ 3 分鐘讓豆腐不容易破，撈起瀝乾水分。
2. 豆輪用水泡軟後切碎；薑切末。
3. 熱鍋，爆香花椒粒，待花椒粒變黑後取出，用剩下的油繼續後續動作。
4. 放入薑末，再下青豆仁與豆輪炒約 2 分鐘，加入豆瓣醬繼續炒香。
5. 鍋中倒入水，煮滾後放豆腐，過程中以鍋鏟輕推、鍋子輕輕搖晃（避免太用力而讓豆腐破掉），稍微煮一下。
6. 加入糖跟醬油，蓋上蓋子煮約 2 ～ 3 分鐘，最後淋上太白粉水勾芡，滴一點香油。

1

2

3

4

5

6

粉紅小羊蔬食餐

卡通中才會出現的粉紅小綿羊，走到你的餐盤裡了！利用番茄醬或甜菜根湯汁染出粉紅色配飾，再將它與白飯做搭配就完成了超萌的小綿羊。

造型

材料

白飯
甜菜根湯汁
海苔
美乃滋

❶甜菜根湯汁慢慢倒進白飯中，混合出粉紅色米飯。

❷用保鮮膜包緊甜菜根飯，捏成一個圓球。

❸把作法 2 的甜菜根飯糰一邊捏成長條形一邊壓扁，完成小羊的粉紅毛髮。

❹取適量白飯用保鮮膜包起來捏成圓球，當作小羊頭部。

❺將作法 3 的粉色毛髮覆蓋在作法4的頭頂上。

❻用保鮮膜包緊、固定作法 5。

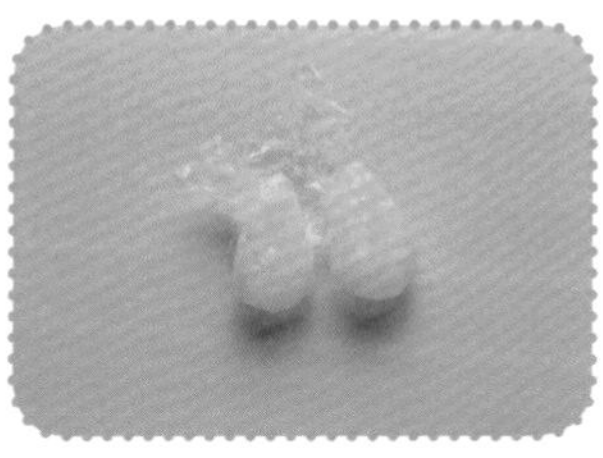

❼準備少許白飯並對分成 2 份，將其捏成扁形水滴狀做成耳朵。

❽作法 7 的耳朵貼在小羊頭頂上。

❾在海苔上剪出小羊五官。

❿海苔五官沾些美乃滋，貼在臉上。

⓫造型飯糰放進碗中。

⓬裝入炒好的配菜即完成。

Tips

若擔心綿羊的耳朵走位，可以利用美乃滋或番茄醬加強固定。

花椰炒杏鮑菇

約3分　1人份

材料

綠花椰菜 40 克、杏鮑菇 1 支、紅彩椒 20 克

調味料

鹽少許、醬油 1/2 小匙

作法

1. 杏鮑菇切厚片；彩椒切丁；綠花椰菜用滾水燙熟。
2. 熱鍋，先煎杏鮑菇，再加入彩椒、綠花椰菜一起拌炒，最後以醬油跟鹽調味。

白海豚輕食餐

今天的造型餐點是可愛的水中動物——海豚，用白飯做成海豚身體及魚鰭，前鰭不用黏上，直接放在餐盤上更方便。巧手捏一捏、擺一擺，栩栩如生的海豚現身啦！

造型

材料
白飯
海苔
番茄醬
美乃滋

❶取適量白飯，稍微放涼後用保鮮膜包起。

❷用保鮮膜包緊白飯，捏成橢圓形。

❸飯糰尾部捏小，拉出一小部分尾鰭。

❹慢慢把飯糰尾部，塑成海豚尾鰭的 V 字型。

❺頭部稍微捏尖，捏出一小塊當嘴巴。

❻背部捏尖，慢慢捏出背鰭的模樣。

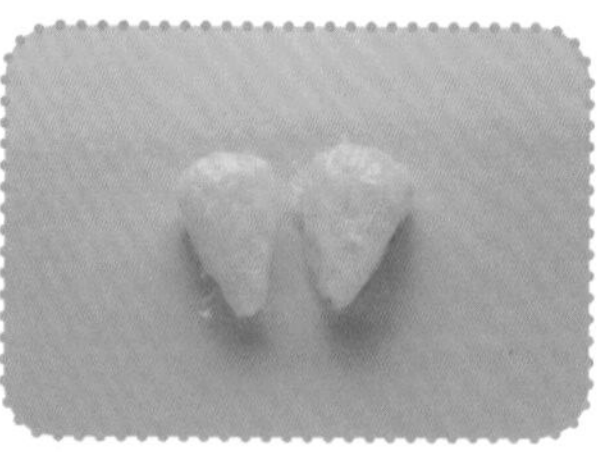

❼開始製作前鰭。取少量白飯對分成兩等分，先捏成圓球，再把小圓球，捏成尖尖的三角形。

❽作法 7 放在身體旁邊比對大小，確定好大小，先放著備用。

❾在海苔上剪出眼睛跟嘴巴。

❿海苔沾些美乃滋，貼在飯糰上；作法7的前鰭，靠在海豚身體兩側。

⓫完成的海豚放進餐盤中，點上番茄醬腮紅就完成了。

配菜

水果沙拉

約2分　1人份

材料

蘋果適量
芒果適量

調味料

沙拉醬

作法

1. 將蘋果、芒果切成丁。
2. 水果丁放入容器中，淋上沙拉醬，攪拌均勻即完成。

甜豆炒鴻禧菇

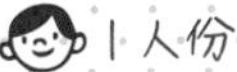

約3分　1人份

材料

鴻禧菇 40 克
甜豆 40 克

調味料

XO 醬 1 小匙

作法

1. 熱鍋，先將甜豆放入鍋中炒。
2. 放入鴻禧菇和XO醬拌炒均勻。

Part 6.

女孩最愛的甜美禮物！

造型小點心

不需要複雜的材料及步驟，

就可以做出超可愛的小熊、貓熊，

以假亂真的冰淇淋、小盆栽。

挽起袖子來，

試著做出最溫暖的小點心，

傳遞最熱情的心意。

yum

奶油塗鴉小餅乾

大家喜歡吃酥酥脆脆的小餅乾嗎？這次介紹的餅乾材料非常簡單，只要3種材料就可以完成，而且不吃蛋的人也能享用！料理用不完的麵粉，或是不小心買太多的砂糖，用在烘焙上就能快速消化啦，還能滿足裝甜點的胃。

約10分　約40片

材料

低筋麵粉⋯⋯ 200g　砂糖⋯⋯⋯⋯ 50g
無鹽奶油⋯⋯ 140g　巧克力⋯⋯⋯ 適量

❶奶油退冰回復至室溫，切成塊後與白砂糖混合均勻。

❷加入過篩的麵粉攪拌成麵團。

❸若天氣熱可用保鮮膜包起，放入冰箱冰過比較容易製作。

❹取出麵團將其擀扁，再用模型壓出各種形狀。

❺將作法 4 放入預熱好的烤箱中，以 170℃烤約 10 分鐘。

❻巧克力切碎，隔水加熱融化，放入專用筆或小塑膠袋內。

❼在餅乾上隨意畫出可愛圖案。

❽等溫度降低巧克力會自己凝固，可愛的塗鴉小餅乾就完成了。

Tips

- 餅乾成品的數量視厚度及大小而定。
- 若天氣冷可於前一晚就將奶油拿出來退冰。
- 每台烤箱功率不同，時間與溫度僅供參考。
- 如果手邊有現成的巧克力筆，就可以省略掉作法 6。
- 不加巧克力，直接品嘗餅乾也一樣好吃喔！

冰淇淋蛋糕

夏天到了，吃冰淇淋消暑氣。這回介紹的冰淇淋在冬天吃也沒問題，因為它其實是蛋糕！記得剛完成這份甜點時家人看了說「一大早就在吃冰」，哈～不注意看或許真的會搞錯喔！

約30分　約5支

材料

無蛋蛋糕粉…	40g
低筋麵粉……	100g
可可粉………	10g
牛奶或水……	180g
砂糖…………	70g
泡打粉………	2g
甜筒杯………	5個
巧克力塊……	適量

❶盆中放入蛋糕粉跟糖，加入水攪拌至糖溶解。

❷低筋麵粉、泡打粉過篩加入作法1中，攪拌均勻即成原味麵糊。

❸加入少許可可粉，讓麵糊變成巧克力色。

❹甜筒杯內放入烘焙紙，倒入攪拌均勻的麵糊（須超過甜筒杯的高度）。

❺甜筒杯放架上，送進預熱過的烤箱以 180℃ 烤約 30 分鐘（若甜筒杯為平底則直接放入烤盤）。

❻烤好後放涼，取下烘焙紙，再把蛋糕放回甜筒杯中。（蛋糕表面可抹些融化過的巧克力，讓它稍微固定在甜筒杯裡。）

❼隔水加熱融化切碎的巧克力。

❽待巧克力溶解後用湯匙慢慢將巧克力淋在蛋糕表面。（可另外準備巧克力筆做出冰淇淋融化的感覺。）

❾最後撒上巧克力米等裝飾即完成。

Tips

- 砂糖可以換成糖粉，口感會更細緻！
- 冰淇淋架可在五金行或模型店購買，如果買不到架子，也可以將甜筒放進馬克杯中再置入烤箱，或自行用鐵絲製作。
- 每台烤箱功率不同，時間與溫度僅供參考。
- 這個配方因為沒加蛋，口感較扎實，吃起來的味道和一般蛋糕不同。
- 為了搭配裹上的巧克力醬，蛋糕本身甜度已稍微降低。
- 若手邊沒有蛋糕粉，就直接用低筋麵粉吧。
- 成品數量視甜筒杯大小而定。

貓熊湯圓

搓湯圓就像在捏黏土一樣，很好玩～如果把它做成動物造型，不但讓吃的人驚喜，自己也非常有成就感！想變換顏色只要加入其他天然食材，像是地瓜、紅麴、抹茶粉……染色就好，發揮自己的創意來玩玩看。

約20分　約8～9顆

材料

糯米粉……… 100g
水…………… 80g
竹碳粉……… 少許

❶糯米粉加水混合均匀，一邊加水的同時一邊調整米糰的軟硬度。

❷作法 1 揉成團後取一小塊出來。

❸作法 2 取出的小塊米糰加入竹碳粉揉均勻。

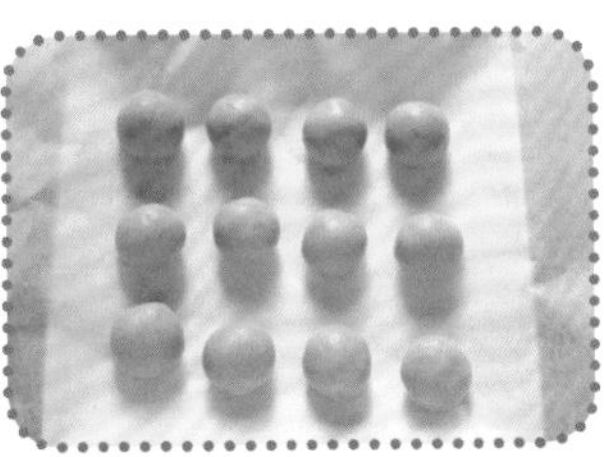

❹把原色糯米糰搓成數顆小圓球，想吃出口感就搓大一點。

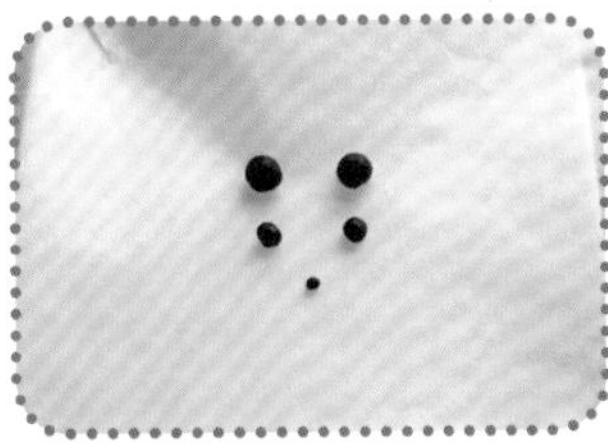

❺混合竹炭粉的黑色糯米糰捏出3種不同大小圓球，由大到小分別為耳朵、眼睛、鼻子。

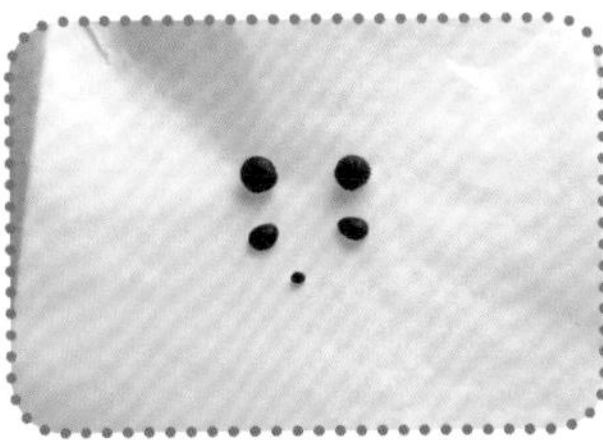

❻把眼睛壓扁成橢圓形，再將其中一端稍微捏尖，讓它有垂垂眼的效果。

❼把耳朵、眼睛、鼻子組合在湯圓上。黏貼時可沾些水略微壓緊，讓它固定。

❽用現成黑糖塊當湯底，待糖水滾了再下湯圓，湯圓浮起就差不多能撈起來了。

Tips

- 糯米粉也可以替換成白玉粉。
- 竹碳粉不用加太多，只需加一點點就能讓顏色變很深。
- 視湯圓大小斟酌烹煮的時間，也別煮太久以免五官分離喔。

小太陽盆栽奶酪

之前做過一次盆栽點心，當時搭配的是蛋糕，這次改用鮮奶酪。為了讓點心有不同面貌，另一份奶酪上畫了太陽圖案，與盆栽相呼應。雖然沒使用鮮奶油但美味度不減，而且熱量還更低了！

約10分　約1～2片

材料

吉利T……… 5g
鮮奶………… 200g
砂糖………… 30g
巧克力塊…… 適量
巧克力餅乾… 適量

❶吉利T與砂糖混合，倒進已裝入鮮奶的鍋中一起加熱。

❷邊攪拌邊讓砂糖完全溶解，煮至冒小泡泡但未沸騰的程度即可熄火。

❸趁熱將混合液分裝在容器中，放約 10 分鐘使其冷卻，再放入冰箱冷藏。

❹將巧克力切碎隔水加熱融化，填入專用筆或放入塑膠袋內再剪出一缺口。

❺在已定型的奶酪上畫出一個圓圈。

❻圓圈周圍畫上鋸齒狀。

❼最後在圓裡面畫上五官，就完成太陽奶酪了！

❽接著製作盆栽奶酪。將巧克力餅乾放入塑膠袋，用擀麵棍壓碎。

❾把巧克力碎片均勻的鋪在奶酪上。

❿放上薄荷葉裝飾，就完成盆栽奶酪了。

Tips

- 做好的點心我用淺容器裝成了 2 份，若用杯子或碗就是 1 份。
- 讓奶酪凝固的吉利 T 和吉利丁不一樣，吉利 T 為素食，能更快速的凝固奶酪。

蛋糕甜甜圈

這種甜甜圈的製作過程非常輕鬆簡單，而且對健康較無負擔，它所含熱量比油炸還低，多吃幾個也不用太擔心！正在控制體重或想健康一點的人可以試試。

約20分　約8顆

材料

低筋麵粉…… 200g
泡打粉……… 5g
砂糖………… 70g
鮮奶………… 200g
無鹽奶油…… 30g
黑、白巧克力 適量

❶ 奶油隔水加熱融化，與砂糖混合均勻。

❷ 一邊攪拌一邊慢慢加入鮮奶，再加入過篩的粉類，攪拌均勻。

❸麵糊放入擠花袋，擠入烤模裡；把烤模放入預熱好的烤箱內，以 180℃ 烤 20 分鐘。

❹烤好後會呈現如圖的顏色。

❺把黑巧克力用隔水加熱的方式融化。

❻趁熱將巧克力裹在甜甜圈上。

❼以隔水加熱的方式融化白巧克力，填入專用筆或剪洞的小塑膠袋中。

❽在已凝固的步驟 6 上擠上白巧克力，隨意畫出圖案來。

❾完成了！等巧克力凝固就可以享用。

Tips

- 沒有擠花袋也可以將麵糊放入塑膠袋中，剪出一個洞口使用。
- 每台烤箱功率不同，時間與溫度僅供參考。
- 你也可以用淋醬的方式為甜甜圈淋上巧克力，或直接在上面塗鴉，做出與眾不同的甜甜圈，再把甜甜圈包裝起來，就成為最有誠意的可愛小禮物囉！
- 甜甜圈的烤模有很多種，也有單個小烤模，要注意的是此配方濕軟，不適合用蓋印的那種甜甜圈模喔。

無蛋小熊鬆餅

約10分　約40片

材料

低筋麵粉……	200g	牛奶…………	200g
泡打粉………	2g	無鹽奶油……	30g
砂糖…………	40g	可可粉………	2小匙

❶盆中放入過篩的麵粉、泡打粉及砂糖。

❷將牛奶倒入盆內，攪拌均勻。

❸奶油隔水加熱融化後也倒進盆內。

❹所有材料在盆內充分攪拌均勻。

❺取少量作法 4 的麵糊放入另一盆中，加入適量可可粉。

❻作法 5 攪拌均勻後放入巧克力筆中（或放入剪出洞口的塑膠袋中使用）。

❼把作法 4 的麵糊裝入瓶子裡操作。

開小火
以免煎到焦掉。

❽先在熱鍋上擠出可可色麵糊，畫出可愛的小熊五官。然後用原味麵糊畫出輪廓，（若溫度太高可先熄火）。

❾用麵糊填滿所有空隙，等待小氣泡冒出，翻面煎至熟即成。

Tips

- 此配方中少了蛋，所以煎出來的鬆餅是淡淡的鵝黃色，和一般常見的鬆餅不一樣，反正只要可愛就足夠啦！
- 鬆餅吃起來軟軟甜甜，若想另外擠上鮮奶油或巧克力醬，砂糖份量可再調低些。

索引

紅色食材

橘色食材

黃色食材

紫色食材

白色食材

黑色食材

綠色食材

其他食材

粉類食材

歡迎經銷

通過SGS.FDA檢驗
符合食品安全檢驗
外銷歐美日等國

烘焙DIY系列商品

一系列饅頭DIY烘焙系列商品，造型圖案可愛又可口，自己動手DIY創造獨一無二的小糕點，保證成品讓你驚呼連連，馬上自己動手做，讓生活多點甜甜的小確幸吧！【饅頭永遠與您生活在一起】

煎 烤 食物好幫手，不沾鍋讓食物美美的呈現唷~

【材質：玻璃纖維、樹脂耐熱材質】

彩繪蛋糕捲烘焙墊

超級卡哇伊的蛋糕捲，只要這張烘焙墊就可以創造出多款的蛋糕捲唷~【尺寸(約)：378 x 289mm】

巧克力模具

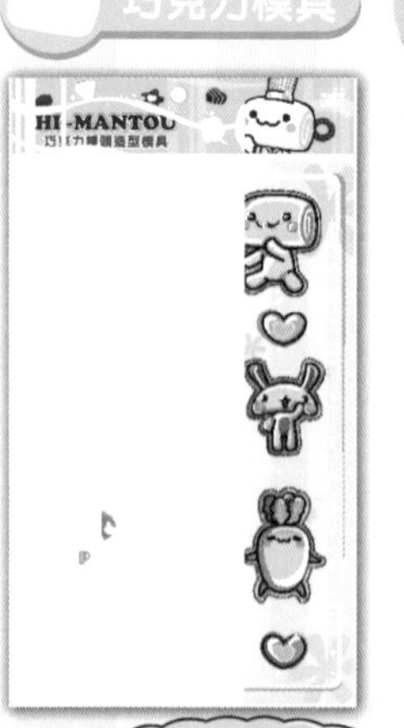

鍋鏟夾

【材質：食品及矽膠】

烘焙墊、餐墊，一物多用，經過SGS.FDA檢驗，烤箱也可使用唷！(-40°C~230°C)

【尺寸(約)：小278 x 289mm 大450 x347mm】

KEILAN Kitchen Tools

皮皮家族禮品有限公司授權
圻霖有限公司

E: ls2021@ms31.hinet.net
T: 02-2897-9326

www.pyi-pyi.com.tw